Bluetooth
無線化講座

プロが教える

基礎・開発ノウハウ・
よくあるトラブルと対策

水野剛
清水芳貴
三浦淳

技術評論社

はじめに

「Bluetooth を使えばスマートフォンやパソコンなど世界中のスマートデバイスと自社製品をつなぐことができる」

　これがBluetoothを活用すると得られる最大のメリットです。たとえば、自社製品とパソコンをケーブルでつないでデータをやり取りしていた状況が、スマートフォン1つで離れたところからデータを確認できるようになったりします。しかも、スマートフォンを活用すれば通信相手側ハードウェアの開発は必要ありません。ユーザーの利便性が向上するだけでなく、開発の手間もコストも抑えられます。

　2024年現在、ノートパソコンやスマートフォンなどのスマートデバイスにはBluetoothが標準搭載されています。Bluetoothデバイスの年間出荷台数は全世界で60億台突破目前という市場調査結果も報告されています。つまり、Bluetoothという無線通信を選択することで世界中のさまざまなデバイスと自社製品をつなぐことができ、活用の幅を広げられるようになります。

　しかしながら実際に自社製品のBluetooth化を考えたとき、メーカーのエンジニアからは、

- Bluetoothを使えばスマートフォンと自社製品をつなげられるのはわかっているけど具体的にどうアクションを起こせば良いのかわからない
- Bluetoothをつかって自社製品をIoT化させたいが実現するにはどうすればいいかわからない
- これまでハードウェアしか手がけてこなかったのでスマートフォンアプリの作り方がわからない
- アプリケーションは自分たちで作れるけれどハードウェアを作るのはハードルが高い

といった声が聞かれます。

　また、実際にBluetooth化の開発を始めてみると、

- Bluetoothモジュールの処理方法が適切じゃなかったのでデータ落ちが発生してしまった

- 理論上はもっと電波が飛ぶと期待していたのに思っていたほど通信距離が延びなかった
- 使いたいBluetoothの標準機能があったのに採用したBluetoothモジュールは非対応だった

などのような課題に直面したり、いよいよ販売する段になっても、

- 採用するBluetoothモジュールによってBluetooth認証の費用が変わることを知らずに開発を進めてしまったため、想定外の費用が発生してしまった
- 海外認証を取得しようとしたが、想定していた以上の労力や期間がかかってしまった

など、想定外のトラブルが生じてしまうことが多々あります。Bluetooth機器の開発・販売には意外なところに落とし穴があるため、事前に知っておくことがいくつもあるのです。

わたしたちムセンコネクトはお客さまにとって最適な無線化を実現していただくことをミッションとして、Bluetooth機器の開発・販売、無線認証コンサルタント事業、および無線化受託開発事業を行っています。

- 世界で数十名、日本に数名しかいないBluetooth SIG公認のBluetooth認証コンサルタント
- Bluetoothの黎明期からBluetoothモジュールビジネスに従事し、延べ1,000社以上の無線化を支えてきたカスタマーサポート
- これまで300件以上のBluetooth開発プロジェクトに関わってきたエンジニア

といった非常にユニークでさまざまなバックグランドを持ったメンバーで構成された「経験豊富なBluetoothのプロ集団」です。

主にメーカーエンジニアの方々に役立つ情報をお届けしたいという想いから、創業以来オウンドメディア『無線化講座®』でBluetoothやその他無線通信に関するノウハウや最新情報を発信しています。

「勉強のために専門書を三冊買って読んだが御社のブログの方がよっぽどためになった」

実際に『無線化講座』を読んだお客さまからいただいたお言葉です。

旧来の電気・電子部品業界ではメーカーが蓄積してきたノウハウは自社の資産として外部に公開されることがありませんでしたが、ムセンコネクトの『無線化講座』ではムセンコネクトが入手した情報を積極的にシェアし、たとえ自社にとってネガティブな情報だったとしてもエンジニアの無線化に役立つ情報であれば包み隠さずオープンにしてきました。Bluetoothは万能ではなく、用途やシチュエーションによっては他の無線通信規格の方が適していることもありますが、そういった情報もストレートにお伝えするようにしています。

そのようなスタンスがご支持いただけたのか、いまでは毎月数万名の方々が訪れるメディアに成長しました。

ここまで多くの方に『無線化講座』を読んでいただけているのは、Bluetooth化に挑戦するにあたって必要な情報がまだまだ世の中に少なかったり、開発中も何らかのトラブルでつまずいてしまうエンジニアが多いからだと思います。

そこで本書ではBluetooth機器開発に挑むエンジニアや販売に携わるみなさんに、まず最初の一冊目として手に取っていただくことを想定しました。そして「Bluetooth機器開発・販売に関わる方々が知っておくべき必要最低限の基礎知識」と「開発時に役立つ実践ノウハウを身に着けること」に主眼を置いて解説しています。

本書がメーカーエンジニア、Bluetooth化に挑むみなさんの一助となれば幸いです。

目次

第1章

Bluetooth・Bluetooth Low Energy（BLE）超入門講座

1-1 なぜBluetoothを使うのか？ Bluetoothを採用する理由・メリット

現在、世の中にはさまざまな無線通信規格が存在しているため、「自社製品にはどの無線通信規格を選んだらよいのか？」「無線通信規格それぞれでどんな特徴をもっているのか？」といったお問い合わせを受けることがあります。そこで、とくに産業機器分野でよく名前の挙がる無線通信規格とその特徴を一覧にまとめました。

	通信距離	通信速度	消費電力	モジュールコスト
Bluetooth	10－300 m	125 kbps－2 Mbps	低	低
Wi-Fi	15－100 m	54 Mbps－1.3 Gbps	中	中
Thread / Zigbee	30－100 m	20－250 kbps	低	高
NB-IoT	1－10 km	≦ 200 kbps	低	高
LTE-M	1－10 km	≦ 1 Mbps	中	高
Sigfox	3－50 km	≦ 100 kbps	低	低
LoRaWAN	2－20 km	10－50 kbps	低	中

比較表を見るとわかるように、各無線通信規格にはそれぞれ一長一短があり、すべての項目において万能な無線規格はありません。本書で取り上げる比較的バランスの取れたBluetoothであっても、あらゆる無線通信用途に適しているわけではありません。用途に応じた無線通信規格の選定が重要です。

「はじめに」で、Bluetoothを採用する最大のメリットは「スマートフォンやタブレットと通信できること」と前述しましたが、その他にもBluetoothにはBtoB向けの「産業用途」で効果を発揮する特徴が備わっています。

理由① 干渉に強いから、電波環境が悪い場所でもデータが送れる

BluetoothはWi-FiやZigbeeなどと同じ2.4GHzの周波数帯を使用していますが、他の無線デバイスとの干渉を避けて着実にデータを送信するための優れた仕組みを持っています。Bluetoothは複数の通信チャンネルを使用し、他の通信との衝突を減らすために通信チャンネル間のホッピングを行います。

Column 通信チャンネル

BLEは2.4GHzの周波数帯域を40チャンネルに分割し、Bluetooth Classicは80チャンネルに分割しています。周波数ホッピングを行うことで、より多くの電波容量をメッセージ用に確保し、通信の信頼性を高めることができます。Bluetoothはどのチャンネルがもっとも機能しているかを動的に追跡し、混雑したチャンネルを回避して信頼性の高い経路を見つけることができます。たとえば他のデバイスが同じ2.4GHz帯の一部の周波数を占有していたとしても、適応型周波数ホッピング（AFH）によって使用されている周波数を自動的に避け、自身は同じ帯域内で空いている周波数を使用して安定した通信を確保します。

理由② 既存の産業用システムに導入しやすい

産業用アプリケーションでは、シリアルポート、RS-232C、UARTなどが広く使用されています。BluetoothにはシリアルポートをBluetooth無線化するためのSPP（シリアルポートプロファイル）という、そのものズバリなプロファイルが用意されています。このSPPを使えばシリアルケーブルをBluetooth通信に置き換えることができ、既存の産業用システムに容易に無線通信を導入できます。また、デバイスの省電力化やスマートフォン・タブレットとの通信もBluetoothを使えばカンタンです。

理由③ 通信距離は意外に長い

Bluetoothはコンシューマー向けの利用シーンが多いこともあって10メートル程度の近距離でしか通信できないと思われがちです。Bluetooth 5.0で新たに追加された長距離通信機能を使えば見通しのよい場所で200～300m級の長距離通

信も可能です。

理由④ 世界各国どこでも使える

Bluetoothは世界共通規格であるため、異なる地域や市場に合わせたカスタム仕様のデバイスを開発・製造する必要がありません。また、Bluetoothは2.4GHz帯（ISMバンド）を使用しているため、世界各国の電波法認証も確実に取得が可能です。

> **Column　ISMバンド**
>
> 2.4GHz帯の周波数範囲は一般的に自由に利用できる周波数帯域になっています。このような周波数帯域をISMバンドと呼びます。ISMバンドは”Industry Science and Medical”の略で、産業・科学・医療分野での有効活用・発展のために、国際的な取り決めで確保されている周波数帯です。

理由⑤ セキュリティの設計が施されている

Bluetoothには転送中のデータが傍受されることを防ぐ「ペアリング」というオプション機能が用意されています。ペアリングは改良が重ねられ「LE Secure Connections（Bluetooth 4.2以降）」が採用されています。「Bluetoothを使っていればセキュリティが万全」とは言い切れませんが、Bluetoothの通信規格の中である程度のセキュリティ対策が可能になっています。

1-2 Bluetooth・Bluetooth Low Energy（BLE）の基礎

わかりやすく解説するために、Bluetooth・Bluetooth Low Energy（BLE）初心者にはあまり必要ない例外的な内容は省略して説明するようにしています。また、あえてアバウトに書いている部分もありますのでご承知おきください。

Bluetoothのはじまり

Bluetoothは近年、世界中で普及している代表的な近距離無線通信技術のひとつです。もともとBluetoothはエリクソン社の社内プロジェクトとして開発がスタートしました。その後、1998年に通信業界、およびコンピュータ業界大手5社（IBM社/インテル社/エリクソン社/東芝社/Nokia社）によりBluetooth Special Interest Group（Bluetooth SIG）が設立され、現在は世界中で38,000社を超える企業がBluetooth SIGに加盟しています。

Bluetooth SIGはBluetoothの仕様作成、相互運用性の推進、認知拡大、ブランド成長に取り組んでいます。Bluetooth SIG自体がBluetooth製品の開発や販売を行うことはありません。

Bluetooth ClassicとBluetooth Low Energy（BLE）って何が違う？

Bluetooth SIGは仕様の新バージョンをリリースするたびに、バージョン番号を付与しています。1999年にBluetooth 1.0をリリースしたのを皮切りに、2004年にBluetooth 2.0、2007年にBluetooth 2.1、2009年にはBluetooth 3.0がリリースされ、BR ／ EDR ／ HSといった3つの制御技術が揃いました。これらの制御技術を総称してBluetooth Classic（ブルートゥースクラシック）と呼びます（レガシーBluetoothと呼ばれることもあります）。

一方、Bluetooth SIGは省電力化へ向けた動きも進めていました。2007年、Bluetooth SIGは低消費電力無線技術「Wibree（ワイブリー）」を統合しました。Wibreeは、Nokia社を中心にBroadcom社、CSR社、Epson社、Nordic Semiconductor社、太陽誘電社などが仕様を定義し開発していた携帯電話周辺機器向けの低消費電力無線技術です。Bluetooth SIGはこのWibreeをBluetooth Low Energy（ブルートゥースローエナジー）と改称し、2010年のBluetooth 4.0リリース時に第4の制御技術としてLEを追加しました。これがBLEです。

Bluetooth 4.0以降、Bluetoothの中にBluetooth ClassicとBluetooth Low Energy（BLE）の両方が盛り込まれることになりましたが、このふたつの無線オプションは仕組みの異なる通信方式であり、互換性はありません。

▶ Bluetoothバージョンと Bluetooth Classic ／ Bluetooth Low Energy（BLE）の関係

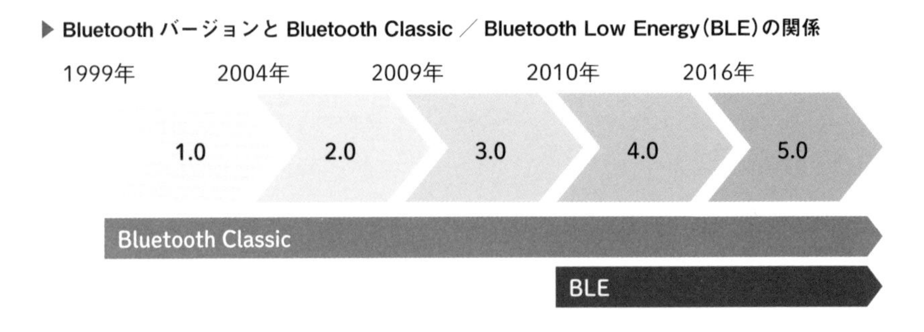

> 以後、「Bluetooth」と表記している場合はBluetooth全般の話を指し（Bluetooth ClassicとBLEに共通の話）、Bluetooth Classic、およびBLE固有の話はそれぞれ「Bluetooth Classic」「BLE」と表記します。

BLEの特徴

BLEの特徴はLow Energyの名の通り、省電力です。使い方によってはコイン電池で何年も電池交換せずに利用できます。以下は消費電流のイメージです（イメージしてもらう目的なので、かなり大雑把な数値です）。

BLEはBluetooth Classicに比べ約30分の1、条件によってはそれ以上の省電力を実現できます。

	Bluetooth Classic	Bluetooth Low Energy（BLE）
接続待ち状態	5mA	200 μA
接続して通信中	30mA	1mA

もう1つ大きな特徴は、スマートデバイスとの親和性が高いことです。主要なスマートデバイスで、BLEはオープンに利用できるようになっています。

- Androidスマートフォンやタブレット
- iPhone、iPad
- Windowsパソコンやタブレット
- Mac
- Raspberry PiなどのLinuxボード

それぞれのスマートデバイスでアプリを作る必要はありますが、BLE機器とスマートデバイスの間で簡単にデータをやり取りすることができます。ここまで対応する機器が多く、開発環境が整っている通信規格はBLEの他にはありません。

BLEは元々違う名前だった？

当初Bluetooth SIGは、BLEのみを搭載したデバイス（シングルモード）を「Bluetooth SMART」、BLEとBluetooth Classicの両方を搭載したデバイス（デュアルモード）を「Bluetooth SMART READY」と命名し、そのネーミングを普及させようとしていました。

しかしながら、このネーミングはブランドを浸透させてわかりやすくするどころか、Bluetoothデバイスを利用するユーザー側とそれを開発するエンジニア側の双方を混乱させることになりました。その結果、Bluetooth SIGはそれらの名称の使用を止め、現在ではBluetooth Low Energy（またはBluetooth LE）が正式名称となりました。ときどき、Bluetooth SMARTやBluetooth SMART READYという名称のBluetoothデバイスを市場で見かけるのはそのときの名残です。

Bluetooth ClassicとBLEは用途が異なる

現在使用できるバージョンにはBluetooth ClassicとBLEの両方が含まれていますが、それぞれ動作が異なるため、Bluetoothデバイスを開発する際にはどちらの無線オプションを使用するのか選択する必要があります。

Bluetooth Classicは主に、ワイヤレス電話接続、ワイヤレスヘッドホン、ワイヤレススピーカーなどのオーディオ分野で使用されています。一方、BLEはウェアラブルデバイス、スマートIoTデバイス、フィットネスモニター機器、キーボードなど、主にバッテリー駆動のアクセサリーなどでよく使われています。

▶ **Bluetoothの主な用途**

Bluetooth Classic(BR／EDR／HS)

Bluetooth Low Energy(LE)

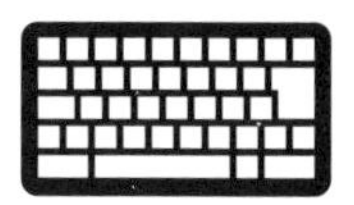

このように、Bluetooth ClassicとBLEそれぞれの違いを理解することは、Bluetooth開発プロジェクトにおいて最適なソリューションを選択するための重要なステップになります。

1-3 セントラルとペリフェラル

無線通信は大抵【親機】と【子機】に分かれます。BLEでは【親機】のことをCentral（セントラル）、【子機】のことをPeripheral（ペリフェラル）と呼びます（Bluetooth Classicでは【親機】をMaster（マスター）、【子機】をSlave（スレーブ）と呼びます）。

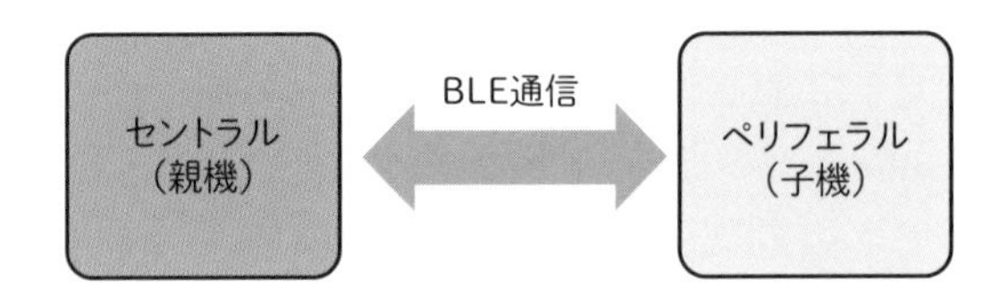

セントラル機器になることが多いのはスマートフォンやパソコン、ゲートウェイなどのスマートデバイスです。BLE機能がついたセンサ機器や、健康機器、スマートウォッチ、ビーコン発信機、忘れ物タグなどはペリフェラル機器になります。

1台のセントラル機器には複数台のペリフェラル機器が同時に接続できるようになっています。ただし、同時に接続できる台数はセントラル機器の能力によるので、7台のペリフェラル機器と接続できる機器もあれば1台しか接続できない機器もあります。

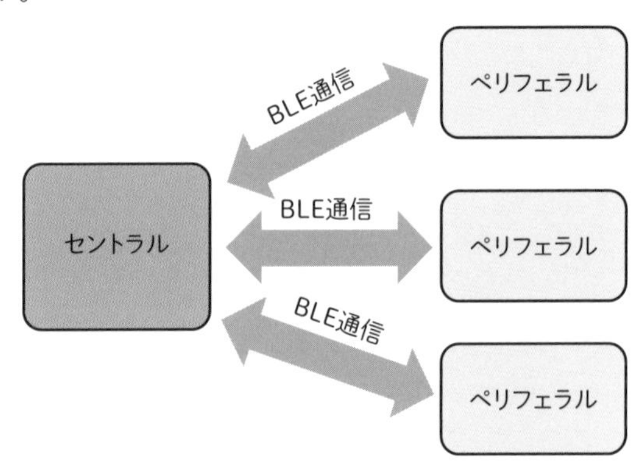

1-4 アドバタイズとGATT通信

アドバタイズ（接続待ち）

BLEではセントラルからの接続待ちの仕組みをアドバタイズと呼びます。アドバタイズはブロードキャスト通信で行われます。ブロードキャスト通信とは1対1の通信ではなく、不特定多数の相手にデータを送信する一方通行の通信方式という意味になります。

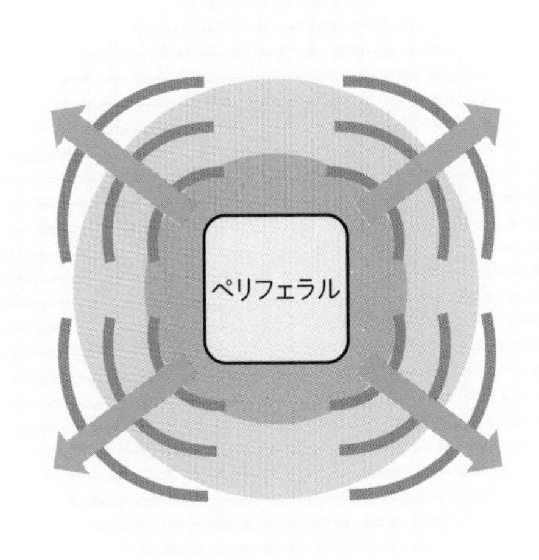

アドバタイズは、ペリフェラル機器が「僕はここにいるよ」ということを伝えるための無線信号です。ペリフェラル機器は接続待ちの間、定期的にアドバタイズを発信しています。アドバタイズの発信周期は自由に設定できますが、100ms毎とか1秒毎に発信することが多いです。このアドバタイズにはペリフェラル機器の名前や属性データを含めて発信できます。

セントラル機器はスキャンすることでアドバタイズを受信します。これにより周囲にどんなペリフェラル機器がいるかを知ることができます。

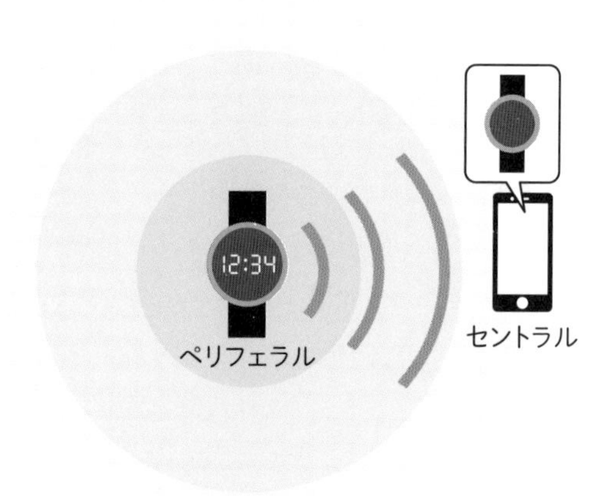

アドバタイズはブロードキャスト通信なので、周囲に複数のセントラル機器がいた場合でもそれぞれのセントラル機器がアドバタイズを受信して、ペリフェラル機器が近くにいることを認識することができます。

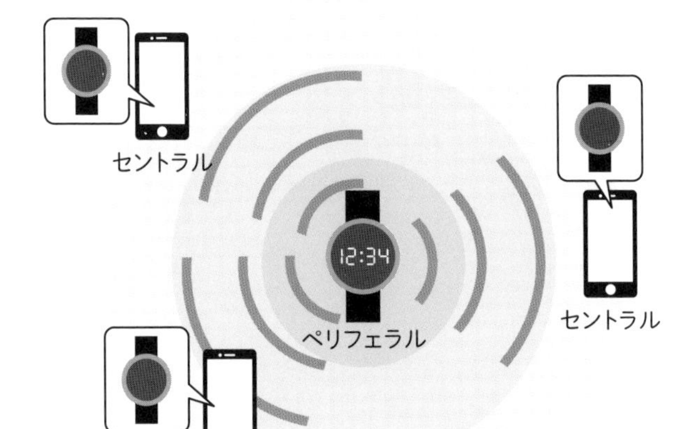

また、複数のペリフェラル機器がアドバタイズを発信してる場合、セントラル機器はそれぞれのアドバタイズを受信して周囲にいる複数のペリフェラル機器を認識することができます。

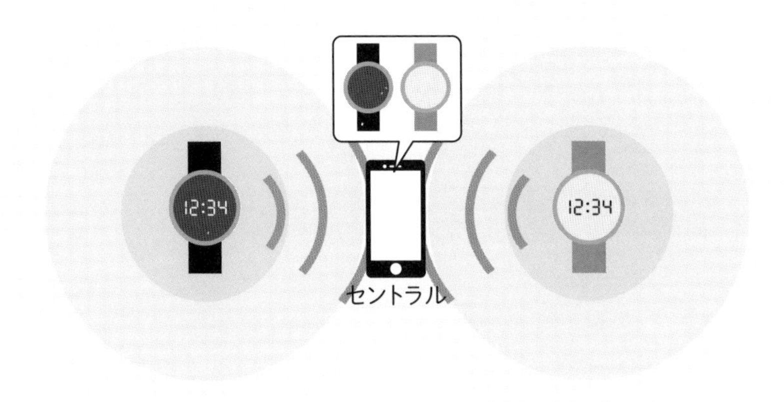

セントラル機器がアドバタイズ信号を受信したとき、受信した電波の強さに関する情報を得ることができます。これを受信電波強度といい、RSSI（アール・エス・エス・アイ）とも言います。セントラル機器はRSSIの強さから、ペリフェラル機器との距離感を知ることができます。RSSIが強い場合はペリフェラル機器が近くにいることがわかりますし、逆にRSSIが弱い場合はペリフェラル機器が遠くにいることがわかります。

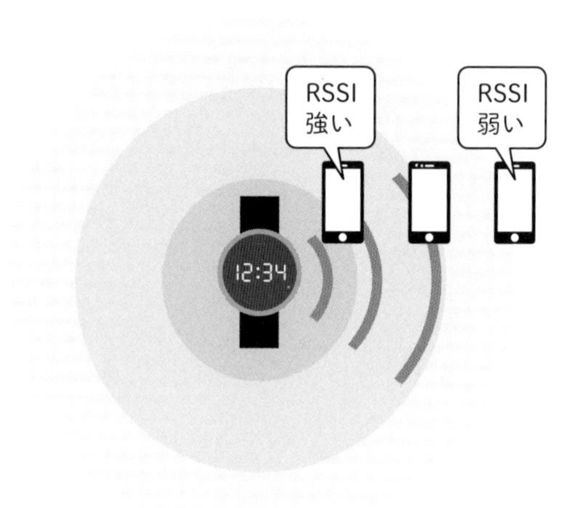

RSSIは大抵の場合、負の整数で表現され、単位はdBm（デー・ビー・エム）です。イメージを伝えるために敢えて例示します（あくまで一例です）。

ペリフェラルとの距離感	RSSI（受信電波強度）
30cm	-40dBm
1m	-50dBm
5m	-75dBm
15m	-90dBm
30m	– （アドバタイズを受信できない）

ペリフェラル側は電波が届く範囲を狭くするために、意図的に弱い電波でアドバタイズを発信することもできます。その場合はセントラル側が受信したときのRSSIはもっと小さい値になります。

通信接続（GATT通信）

セントラル機器はスキャンをして周囲のアドバタイズを受信することで、周囲にどんなペリフェラル機器がいるかを認識します。セントラル機器は見つけたペリフェラル機器の中から接続したい相手を選び、接続要求を送信することができます。

Column BDアドレス

すべてのBluetooth機器は識別子としてBDアドレスを持っています。BDアドレスは携帯電話番号のようにユニークであるため、他のBluetooth機器と被ることはありません。セントラル機器はスキャンを行い、アドバタイズしている各ペリフェラル機器のBDアドレスを取得します。セントラル機器は接続したいBDアドレスを指定してペリフェラル機器に対して接続要求を送ります。携帯電話で発信する際、相手の携帯電話番号を指定するのと同じです。

実は、ペリフェラル機器はアドバタイズを発信した後、少しの時間、自分に対する接続要求が飛んでこないか待っています。そのタイミングで接続要求を受信するとアドバタイズをやめて1対1の接続通信に切り替えます。

この1対1の接続通信のことを、GATT（ガット）通信と呼びます。色々と呼び方があるようですが、ここでは「GATT通信」と呼んで話を進めます。GATTはGeneric Attribute Profileの略です。

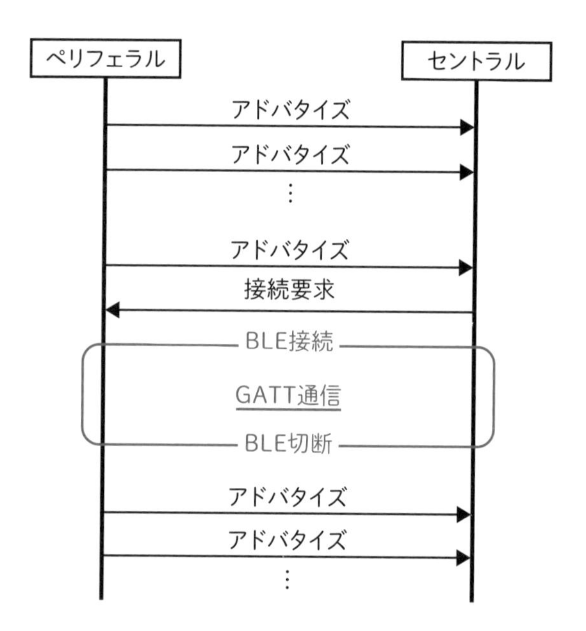

GATT通信ではService（サービス）とCharacteristic（キャラクタリスティック）という概念でデータのやり取りをします。キャラクタリスティックはペリフェラル機器がセントラル機器に公開して共有するデータ構造の意味を持ちます。ペリフェラル機器とセントラル機器はこのキャラクタリスティックを介してデータをやり取りします。サービスはキャラクタリスティックを機能単位で一括りにしたラベルのようなものです。

架空のBLE対応歩数計を例にしてみます。スマートフォン（セントラル機器）のアプリは歩数計（ペリフェラル機器）にBLE接続すると、最初に歩数計がどのようなサービスを持っているかを調べます。この処理をサービスディスカバリーと呼びます。歩数計は「自分が持っているサービスはこれだよ」とデータ構造を公開します。

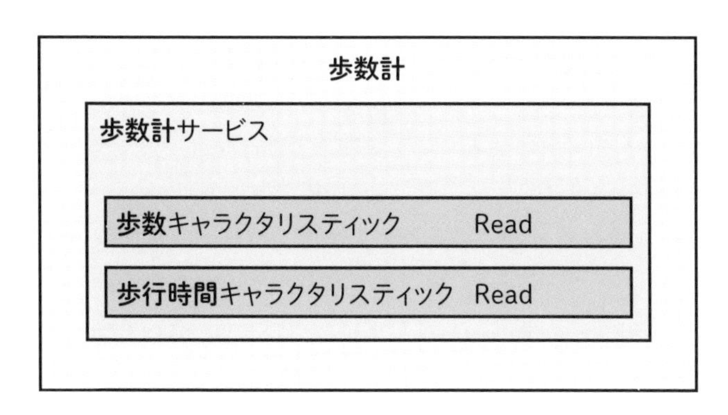

スマートフォンのアプリは「歩数キャラクタリスティック」と「歩行時間キャラクタリスティック」からデータを読み出して、スマートフォンの画面に表示することになります。キャラクタリスティックは属性が決められていて「Read」「Write」「Notify」などの種類があります。セントラル機器は「Read」属性がないキャラクタリスティックの内容を読み出すことはできませんし、「Write」属性がないキャラクタリスティックにデータを書き込むことはできません。「Write」属性の使い方のイメージとして、架空の忘れ物防止タグを例として挙げます。

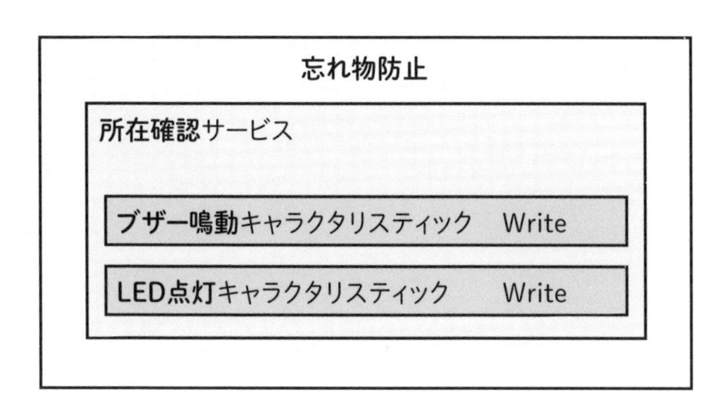

忘れ物防止タグは「ブザー鳴動キャラクタリスティック」を持っていて、「Write」属性になっています。スマートフォンアプリから「ブザー鳴動キャラクタリスティック」にデータを書き込むと、タグはブザーを鳴らして自分の位置を知らせます。

ペリフェラル機器は、複数のサービス、キャラクタリスティックを持つことができます。仮に歩数計機能付き忘れ物防止タグのようなものがあれば、前述の架空のサービス・キャラクタリスティックの両方を持つようなこともあり得ます。サービスやキャラクタリスティックにはUUID（ユー・ユー・アイ・ディ）という16バイトの一意な番号がつけられています。セントラル機器はUUIDを指定して、キャラクタリスティックのデータ内容にアクセスします。

体温計や血圧計などの標準的な製品種別については、Bluetooth SIGが標準的なGATT通信のプロファイルを公開しています。Bluetooth SIGが用意してくれた標準的なGATTプロファイルを利用することで、別メーカーの機器であっても通信できるようになります。実際は別メーカーの機器と互換性維持が必要とされる製品はそれほど多くなく、メーカーが自身で規定する「カスタムプロファイル」を利用することが多いようです。

1-5 Bluetoothの周波数は？

Bluetoothが使う周波数帯

Bluetoothは2.4GHz帯を利用しています（少し言い換えて2400MHz帯とも言います）。2.4GHz帯を利用している主な製品や無線通信規格は以下のものがあります。

- 電子レンジ
- コードレスホン
- 無線LAN
- Bluetooth
- RFID
- 特定小電力無線

BLEでは2.4GHz帯の周波数を2MHzの幅で分割して40個のチャンネルとして利用します。Bluetooth Classicでは1MHzの幅で分割して80個のチャンネルとして利用します。1つのチャンネルが利用する周波数の幅を「帯域幅（周波数帯域幅）」や「チャンネル間隔」と言います。BLEは「帯域幅：2MHz」、Bluetooth Classicは「帯域幅：1MHz」となります。

▶データチャンネル／アドバタイズチャンネル

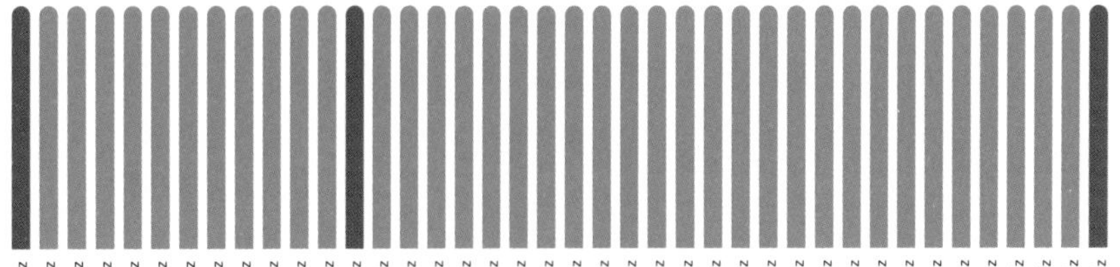

上の図で、薄い青の部分 0ch ～ 36chはGATT通信のときに利用するチャンネルです。データチャンネルと呼ばれています。濃い青の部分 37ch、38ch、39chの3つのチャンネルはアドバタイズのときに利用するチャンネルで、アドバタイズチャンネルと呼ばれています。

電波の衝突回避

ISMバンドの話に少し戻ります。ISMバンドの「電波を自由に使える」というのはとても良い利点ですが、逆に言うとたくさんの製品がその周波数帯域を利用していることになります。さまざまな電波が飛び交っていて「混雑している周波数帯域」とも言えます。

同じ周波数の電波がぶつかると双方にダメージがあります。ダメージの具合によっては、電波で伝えたかったデータが壊れてしまって正しく相手に届かなくなる場合があります。通信方式によっては再送を繰り返して通信スピードが遅くなってしまったり、通信距離が短くなってしまいますが、BLEでは電波の衝突をできるだけ避けるための工夫がされています。

アドバタイズの衝突回避

アドバタイズには37ch（2402MHz）、38ch（2426MHz）、39ch（2480MHz）の3チャンネルを利用します。この3つの周波数はできるだけWi-Fi電波の影響を受けないように、Wi-Fiでよく利用される周波数を避けて配置されています。

▶アドバタイズの衝突回避

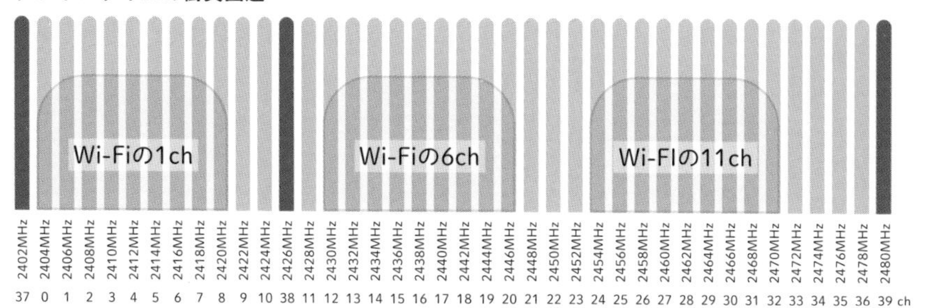

実は、1回のアドバタイズ発信（1発のビーコン信号）と思っていたものは、周波数を変更しながら37ch、38ch、39chの3つのチャンネルそれぞれで同じデータが発信されていたのです。

▶アドバタイズ発信

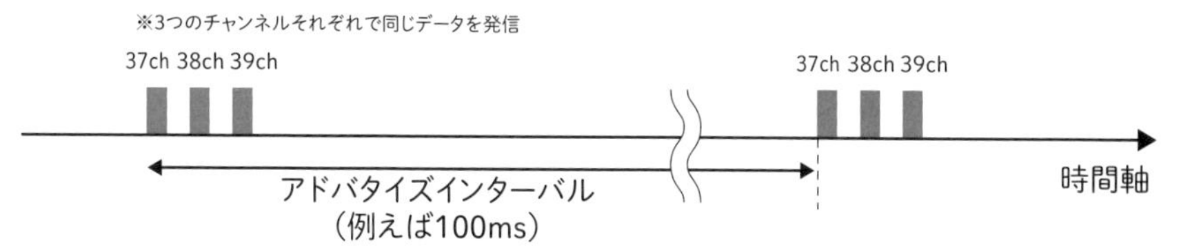

このような仕組み・パターンのおかげで、3つのチャンネルのいずれかが混雑していて電波が届きづらいような環境だったとしても、別の空いているチャンネルでデータを届けることできるので、通信全体に大きな影響が出ないようになっています。

GATT通信の衝突回避

BLE接続後のGATT通信においても、できる限り電波の衝突の影響を少なくする「周波数ホッピング」という通信方法を採用しています。周波数ホッピングとは周波数を高速に切り替えながら通信をすることで、瞬間的に他の通信と電波がぶつかっても連続して電波がぶつからないようにする通信方法です（周波数ホッピングはBluetooth Classicでも採用されています）。

周波数ホッピングをイメージ図にしてみました。

▶周波数ホッピングのイメージ図

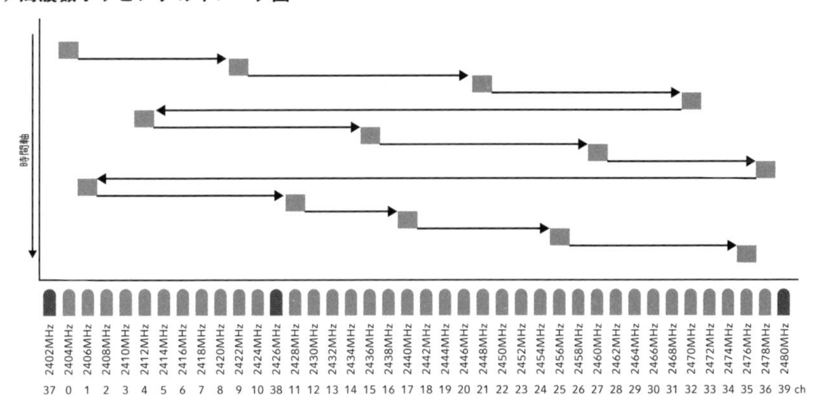

たとえば、コードレスホンが一部の周波数を専有して電波を出し続けてしまっているとします。ホッピングをしない通信方式の場合は、その周波数で通信しようとしてもコードレスホンの電波とずっとぶつかり続けてうまく通信ができません。

▶周波数ホッピングしない場合

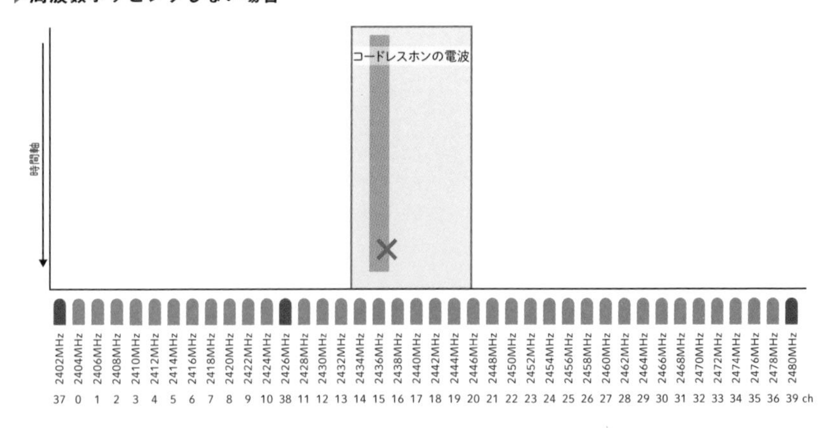

BLEの場合は周波数ホッピングをするので、一時的にコードレスホンの電波とぶつかってしまっても次のタイミングでは別の周波数で通信することができます。ぶつかって相手に届かなかった通信内容を別の周波数で再送できるわけです。周波数ホッピングを利用すると通信が大きく阻害される事態を避けることができます。

▶周波数ホッピングする場合

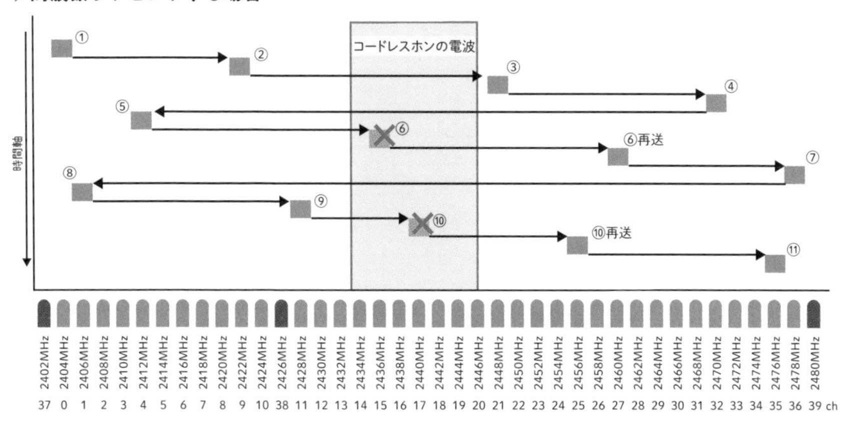

さらにBluetoothにはAFHという機能があります。AFHはAdaptive Frequency Hopping（適応型周波数ホッピング）の略です。

先の例では周波数ホッピングのおかげで通信できなくなるような致命的な事態は回避することができましたが、電波状態が悪い周波数でやりとりしようとして頻繁に再送が発生してしまう状況は非効率です。

AFHでは電波状況が悪いとわかった周波数を一時的に利用しないようにします。それにより、再送が減り効率よく通信を行うことができます。

▶ AFH（適応型周波数ホッピング）

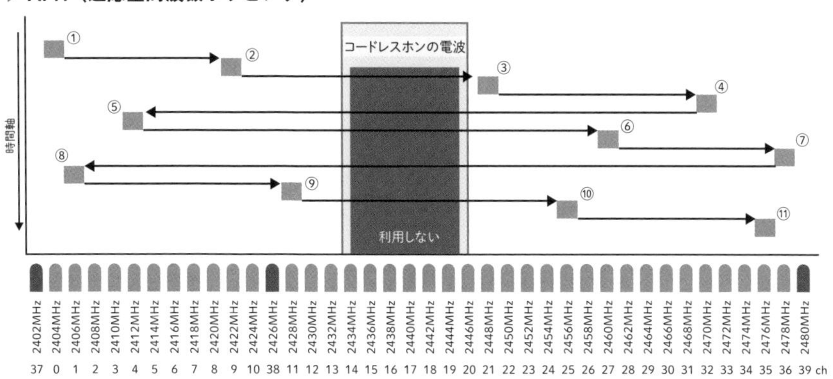

1-6 Bluetoothの通信速度ってどれくらい？

通信速度の考え方

Bluetoothに限らず「データ通信」を行う場合は、通信速度を考える必要があります。よく「Bluetoothを使ってこのくらいのデータを送りたいのですが、どのくらい時間がかかるでしょうか？」という相談を受けます。実はこれ、Bluetooth通信においてはかなりの難問なのです。利用する環境、状況によって大きく変わってくるので、端的に回答しようとすると「お使いになる環境、条件で試してみるしかありません」という回答になってしまいます。

たとえば、下記の条件によって通信速度が変わってきます。

- 通信相手
- 電波環境
- 通信距離

通信相手

組み込み機器がペリフェラルの場合、通信相手となるセントラル側はスマートフォンやパソコンになることが多いのですが、スマートフォンやパソコンには多様な機種があり、OSの種類、OSバージョンによってもBLEの機能性に差があります。iPhoneとAndroidスマートフォンでも性能は違いますし、格安スマートフォンとハイエンドスマートフォンでも性能差があります。新しい機種と古い機種でも違います。機種によって通信速度が変わるものだと思って、複数の機種で通信試験を試してみる必要があります。

Bluetooth通信では接続が確立したあとにお互いのBluetoothの能力を公開します。それによりお互いが許容できる最適な通信設定を選択して通信することができます。たとえば、お互いの仕様がBluetooth 5.0以上で2M PHYに対応している場合は高速通信を試みることができます。

電波環境

　無線通信は電波環境の影響を大きく受けます。同じ周波数の電波が混雑しているような状況だと、電波がぶつかって相手に正しく届かなくなってしまいます。正しく届かないと再送処理が発生し、無駄なやり取りを繰り返します。結果、送りたいデータがなかなか送れずに通信速度が遅くなってしまいます。Bluetoothは「省電力・近距離」の通信仕様のため、他のパワフルな無線通信とぶつかると負けてしまうことが多いです。声が大きい方が聴き手に聞こえやすいのと一緒です。

通信距離

　通信距離が遠くなると、受信側がデータを受信しづらくなり通信速度が遅い状態になります。送信側から受信側へ正しくデータを送れる確率が低くなり、再送が起きやすくなるためです。1mくらいの距離で通信させる場合と、10m離れたところで通信させる場合とでは通信速度は大きく変わってきます。

このように通信速度は条件によって変わりますが、Bluetooth機器開発においては「実測」が意外と盲点になりやすいようです。「開発中は机の上で30cmくらいで通信させていたので良好だったけど、実際の使用環境で測定してみたら全然思っていた速度が出なかった」という話もありがちです。注意が必要です。

BLEの通信速度の目安

「BLEの通信速度はどのくらいですか？」と聞かれたときは、前述の通り使用環境によって変わることをお伝えしたあとで、「10kbps程度です」と答えることが多いです。経験上のざっくりとした平均値のような数字として「10kbps程度」としています。

以前、BLEを使って10MByteのデータを送信したいという相談がありました。仮にBLEの通信速度が10kbpsだとした場合、10MByteを送信するのにどのくらい時間がかかるでしょうか？ 10MByteはbitにすると80Mbitです（1Byteは8bit)。10kbpsは1秒間に10kbitが送信できる速度のことなので、80Mbitを送信するには8,000秒かかることになります。8,000秒は133分なのでかなり長い時間ですね。

Column 【参考データ】LINBLE-Z1の場合の通信速度

具体的な例としてムセンコネクトのBLEモジュールLINBLE-Z1の通信速度データ（スループット測定結果）を使って考えてみましょう。

LINBLE-Z1の通信速度のデータと同じスピードが出ると仮定した場合、通信距離が1mでGoogle Pixel 3が相手であれば、上り方向（BLE機器からGoogle Pixel 3にデータを送る方向）では138kbpsの速度が出ています。このスピードであれば10MByteを送信するのに約10分で送ることができます。さらにLINBLE-Z1の高速通信機能（2M PHY）を利用したときの通信速度は、通信距離1m、Google Pixel 3相手で604kbpsの速度が出ています。このスピードであれば10MByteを送信するのに約2分で送信できることになります。条件を限定すればこのような計算も成り立ちますが、実際には多くの使用状況がありますのでマージンをとって考えておく必要があります。

BLEモジュールの実測データは第5章でさらに詳しく解説しています。

1-7 Bluetoothってどれくらい遠くまで通信できる？

「近距離無線通信」だが、意外と長い通信距離

Bluetoothは一般的に「近距離無線通信」に分類され、実際にもっともよく知られているBluetoothのユースケースもオーディオストリーミングやウェアラブルデバイスなど、近距離無線通信での用途が多いと思います。ですが、これはBluetoothの通信距離性能に限界があるということではありません。意外に思われるかもしれませんが、実はBluetoothも長距離通信が可能です。実際、Bluetooth信号は1km以上離れた距離へ到達したり、200～300m間での通信接続も可能です。Nordic Semiconductor社の実測データでは、見通しの良い海岸線沿いであれば最長距離として約1,300m離れた場所でもBluetooth信号が受信できたことが報告されています。

「Testing Long Range (Coded PHY) with Nordic solution (It Simply Works)」、
Nordic Semiconductor、
URL: https://devzone.nordicsemi.com/nordic/nordic-blog/b/blog/posts/testing-long-range-coded-phy-with-nordic-solution-it-simply-works-922075585

このような技術的進化もあり、Bluetoothはドローン分野での視覚範囲外遠隔操作など、多方面での長距離通信活用が期待されています。

一般的に近距離無線通信と呼ばれるBluetoothでも、なぜデバイスやモジュールによって通信距離が変わるのでしょうか？それは、Bluetoothの通信距離を決める要素はいくつもあり、各デバイス・モジュールごとにそれら要素が異なるため、結果として通信距離の長短も変わってくるからです。ここではBluetoothの

通信距離を決める5つの要素を順に説明していきます。

通信距離を決める要素① Class

まず1つ目の要素は「送信出力」です。送信出力は、たとえて言うなら「声の大きさ」と同じイメージです。Bluetoothではデバイスの最大送信出力に応じて分類わけが定義されています。これを「Power Class」といい、略して「Class（クラス）」とも呼ばれます。

Classによる分類わけはBluetooth ClassicとBLEで異なり、Bluetoothデバイスがサポートする最大電力設定（単位：mW）、または送信出力（単位：dBm）に基づき次のように定義されています。

Bluetooth ClassicのPower Class

Bluetooth ClassicのPower Classは全部で3つに分類されています。

Power Class	送信出力の要件
Class 1	100 mW（+20 dBm）≧ 送信出力 > 2.5 mW（+4 dBm）
Class 2	2.5 mW（+4 dBm）≧ 送信出力 > 1 mW（0 dBm）
Class 3	1 mW（0 dBm）≧ 送信出力

BLEのPower Class

BLEのPower Classは全部で4つに分類されています。Bluetooth Classicと比較すると、同じPower Classでも送信出力に違いがあります。

Power Class	送信出力の要件
Class 1	100 mW（+20 dBm）≧ 送信出力 > 10 mW（+10 dBm）
Class 1.5	10 mW（+10 dBm）≧ 送信出力 > 2.5 mW（+4 dBm）
Class 2	2.5 mW（+4 dBm）≧ 送信出力 > 1 mW（0 dBm）
Class 3	1 mW（0 dBm）≧ 送信出力 ≧ 0.01 mW（-20 dBm）

この表にしたがってClassを定義する場合、たとえばムセンコネクトのBLEモジュール「LINBLE-Z1」の送信出力は+4 dBmのためClass 2に相当し、長距離通信対応BLEモジュール「LINBLE-Z2」の送信出力は+8 dBmのためClass 1.5に相当します。

Classと技適との関係性

日本でBluetoothデバイスを使用する際には日本の電波法に準拠する必要があります。現状、日本の電波法にあてはめると、Bluetoothデバイスの送信出力（空中線電力、または伝導電力）は以下の基準内に収めなくてはなりません。

- Bluetooth Classic：3mW/MHz以下（1MHz当たりの電力として規定）
- BLE：10mW以下（全電力として規定）
- 量産のバラつきで+20%までは許容されているが、意図的に+20%上げた設定値をもたせることは不可

Classはあくまでも Bluetoothのルールであり、実現可能な最大送信出力はデバイスを使用する国や地域の電波法によって異なります。また、Bluetooth ClassicとBLEでも基準が異なるので注意が必要です。

通信距離と消費電力はトレードオフの関係

声が大きければ大きいほど遠く離れた人にも聞こえますが、同時により多くのエネルギーを必要とします。Bluetoothの送信出力も同じで送信出力が高いほど、より遠くの相手に電波が届く可能性が高まり有効距離が長くなりますが、送信出力を上げるとその分デバイスの消費電力も増えてしまいます。つまり、送信出力レベルの選択は、通信距離と消費電力のトレードオフの関係にあります。

実際のデータで確認してみます。送信出力が+8 dBmと+4 dBmの消費電流を比較すると、どの動作状態においても送信出力が高い方（+8 dBm）が消費電流が大きくなる結果が得られています。

▶送信出力別の消費電流比較（対象BLEモジュール：LINBLE-Z2、LINBLE-Z1）

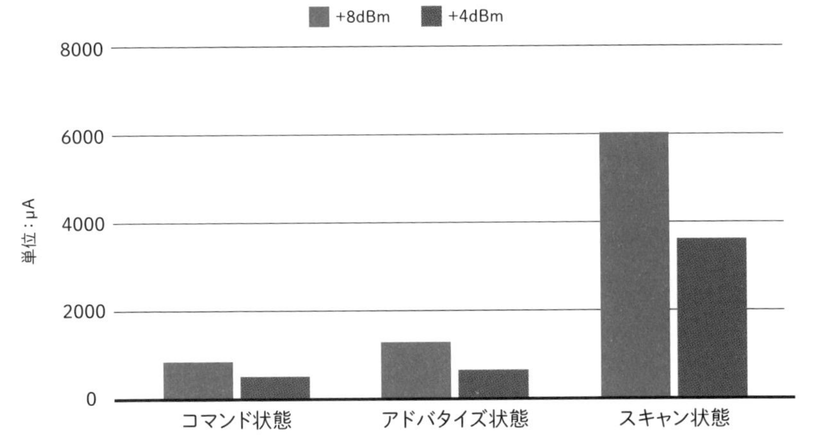

通信距離を決める要素② PHY

2つ目の要素は「PHY（ファイ）」です。Bluetoothの構造は層（レイヤー）になっており、BLEでは一番下のベースレイヤーをPHY（フィジカルレイヤー、日本語では物理層）と呼びます。

BLEには3つのPHYが存在しています。相互接続性が高いノーマルタイプの1M PHYに加え、Bluetooth 5.0から追加された高速化を可能にする2M PHY、そして長距離通信を可能にするLE Coded PHYの3つです。

- **「1M PHY」はノーマルタイプ**
  - Bluetooth 4.0から標準搭載
- **「2M PHY」は高速化タイプ**
  - Bluetooth 5.0から導入
  - オプションで対応可
- **「LE Coded PHY」は長距離化タイプ**
  - Bluetooth 5.0から導入
  - オプションで対応可

送信出力が同じでも、PHYが異なれば通信距離は大きく変わります。2M PHY < 1M PHY < LE Coded PHYの順に通信距離が長くなることがわかっています。

実際のデータで確認してみます。送信出力が同じ+8dBmでも選択するPHYを変更するだけで通信距離が100m以上異なることがわかります。BLEの長距離通信機能であるLE Coded PHYの場合、通信確認できた最大値が300mを超えています。一方、2M PHYでは200mを過ぎたあたりで通信が確認できなくなっています。

▶ **PHY別通信成功率（詳しくは5章で解説）**

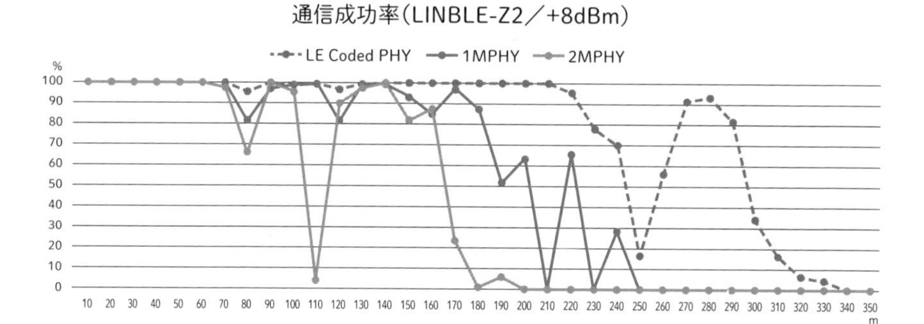

通信距離と通信速度もトレードオフの関係

Bluetooth 5.0で新しく導入された長距離通信機能「LE Coded PHY」は、たとえるならば離れた相手に対して「よりゆっくり、よりわかりやすく話すようなもの」です。具体的には各パケットに誤り補正用のデータをプラスすることで送信電力を増やすことなく、より長い距離で、かつ、信頼性の高い通信を実現しています。

具体的な数値を基に、各PHYを比較します。

	PHY			
	1M	LE Coded S=2	LE Coded S=8	2M
データレート	1Mbps	500kbps	125kbps	2Mbps
通信距離倍率（イメージ）	1	2	4	0.8
Bluetooth 5 仕様	標準	オプション	オプション	オプション

PHYは大きく3種類存在するとお話しましたが、LE Coded PHYについてはさらに2つに大別することができます。Sと呼ばれるパラメータを2または8に設定することでデータレート（通信速度）と通信距離倍率が変わってきます。

標準である1M PHYのデータレート 1Mbpsと比較し、LE Coded PHY S=2のときは 500kbps、LE Coded PHY S=8のときは125kbpsとデータレートが低下していきます。一方、通信距離倍率は1M PHYを1とした場合、LE Coded PHY S=2のときは2倍、LE Coded PHY S=8のときは4倍に上がっていきます。つまり、LE Coded PHYでは通信距離を長くするために、ゆっくりわかりやすく送信する必要があり、結果、データレート（通信速度）が低下します。よって、通信距離と通信速度はトレードオフの関係になります。

通信距離を決める要素③ レシーバー感度

3つ目の要素は「レシーバー感度」です。Bluetoothは双方向で電波を送受信する通信技術のため、受信側のレシーバー感度も通信距離を伸ばす要因となります。レシーバー感度とは、レシーバーが解釈できる最小の受信強度を示す指標です。つまり、「どれだけよく聞こえるのか」または「もっとも小さな音を聞いて理解できるのか」の尺度であるとお考えください。Bluetoothは選択するPHYに応じて、最小で-70 dBmから-80 dBmの受信感度を達成できなければならないという規定もあります。

通信距離を決める要素④ アンテナ設計

4つ目の要素は「アンテナ」です。アンテナの種類によってもBluetoothデバイスの通信距離が大きく変わります。

	アンテナの種類		
	チップアンテナ	パターンアンテナ	ロッドアンテナ
通信距離	△（短い）	○	◎（長い）
アンテナサイズ	○（小さい）	△	×（大きい）

アンテナで重要な点が「送受信効率」です。送受信効率は波長を捉えるアンテナ線の長さで決まります。よって、外付けのロッドアンテナのように物理的に大きなアンテナの方が送受信効率が高く、長距離通信が可能になります。一方、チップアンテナのようにアンテナを物理的に小さくすることでハードウェア設計の柔軟性は上がりますが、肝心の通信距離はロッドアンテナと比べると短くなってしまいます。

≫ 通信距離を決める要素⑤ 電波環境（経路損失）

最後の要素は「経路損失（電波環境）」です。この経路損失が一番影響が大きく、重要です。電波は周囲の金属や水分、障害物などに対して敏感に影響を受けます。見通しのよい直線距離では200～300mの飛距離がでるLE Coded PHY対応のBLEモジュールであっても、建物が密集する住宅地では障害物の影響を受け、通信距離が数十mまで低下してしまいます。

つまり、これまでご紹介した「送信出力」「PHY」「レシーバー感度」「アンテナ設計」は「通信距離を向上させる要素」として捉えることができますが、「電波環境」は「通信距離を低下させる要素」です。このことから長距離通信を実現するためにはデバイスの性能を向上させるだけではなく、いかにその実性能をいかんなく発揮できるかも重要であり、実際に無線通信の利用が想定される環境において十分な検証が不可欠であることがわかります。

≫ よくある誤解①
「通信距離ってClass 1は100m、Class 2は10m、Class 3は1m？」

BluetoothのClassと通信距離を語る上で必ず出てくるのが「Class 1は100m、Class 2は10m、Class 3は1m」という数値です。Bluetooth黎明期の頃から語られている定説ですが、大前提としてBluetooth SIGがClassで規定しているのは「送信出力」のみであり、通信距離は定義していません。たしかに大雑把な目安にはなりますが、これまでの説明のようにBluetoothの通信距離はClass以外の要素も大きく影響を与えるため、Classだけで通信距離を推し量ることはできません。ちなみに、稀に「通信距離をあまり飛ばしたくない」というお客さまからClass3製品の要望をいただくことがありますが、長年この業界に携わっていても未だ「Class3の製品」というのは目にしたことがありません。「通信距離は長いに越したことはない」という大は小を兼ねる的な発想なのか、各メーカーともにニッチな要望には応えづらいのかもしれません。

よくある誤解②
「Class1 or LE Coded PHYモジュールを使えば長距離通信ができる？」

双方向通信を行う上では対向機（通信相手）の性能も重要です。たとえばBluetoothモジュールを搭載したBluetoothデバイスとスマートフォンとの通信の場合、仮にBluetoothデバイス側がClass1の性能を持っていたとしても、スマートフォン側の性能がClass2レベルであれば送信出力レベルが不釣り合いになり長距離通信は実現できません。また、スマートフォン側がLE Coded PHYに対応していなければLE Coded PHYの機能は使えません。開発するBluetoothデバイスの性能だけではなく、通信相手側の性能にも着目して対向機を選定しましょう。

第5章ではBLEモジュールを使って計測した実際の通信距離データをご紹介しています。

1-8　BLEはどれくらい電力を消費するの？

BLE（Bluetooth Low Energy）通信の最大の特徴は、その名の通り「低消費電力」です。「省電力」とか「消費電流が低い」とも言います。電池で動作する製品は、消費電流が少なければ少ないほど電池寿命が長くなります。同じ電池寿命を実現するにしても消費電流が少なければ電池のサイズを小さくできますし、電池のサイズが小さくなれば、たとえばビーコンのように機器自体のサイズも小さくすることができます。機器全体の消費電流が少なくなれば、太陽電池などで動作させることもできるかもしれません。

消費電流の一般的な考え方

機器の消費電流を考えるときには、動作状態毎の消費電流を考える必要があります。まずは「待機電流」と「動作電流」の2つを意識してみましょう。

「待機電流」とは、機器がアクティブな動作をしていないときの消費電流です。テレビでいえば、電源コンセントはささっているけど、画面が点いていない状態です。内部ではリモコンの受信処理だけが動作していて、リモコンから電源ON信号が来るのを待っています。テレビとしてのアクティブな動作はしていませんので、消費電流が非常に少ない状態です。

「動作電流」とは、機器がアクティブな動作をしているときの消費電流です。テレビの例でいえば、画面が点いていて音も流れている状態です。内部では地上波デジタルの電波を受信する処理や、映像データをエンコードする処理、映像データを液晶ディスプレイに表示する処理など多くの処理が動いていますので、消費電流が大きくなります。

「待機電流」と「動作電流」がわかったら、次に「平均電流」を求めます。「平均電流」を求めるためには、その機器がどのくらい使われるかを想定する必要があります。

たとえば、1日のうち3時間だけアクティブ動作をすると想定した場合（動作電流になっている時間が3時間、待機電流になっている時間が21時間）、

$$平均電流 = \frac{(動作電流 \times 3) + (待機電流 \times 21)}{24}$$

となります。

1日のアクティブ動作を何時間と想定するかで、平均電流は大きく変わってきます。機器のユースケースを確認して、「待機」と「動作」の割合を想定しましょう。

電池寿命の計算方法

電池に蓄えられている電力量と平均消費電流からだいたいの電池寿命を計算できます。電池に蓄えられている電力量のことを「公称容量」と言います。使用状況によっては当てにならないアバウトな指標なので、最近では電池メーカーも積極的にスペックに載せていないことが多いようです。

たとえば、単4電池だと公称容量は800mAhと言われています。単位のmAhはミリアンペア・アワーと読みます。これは、たとえば1mAの電流を消費し続けたときに800時間電池が持つという容量になります。単純に計算値を置き換えると、100mAの電流を消費し続ければ電池寿命は8時間になりますし、0.1mAの電流を消費し続ければ電池寿命は8000時間になります。実際には、消費電流が大きい場合は利用できる電力量はスペックより少なくなる傾向があるので、100mAの電流を消費し続けた場合の電池寿命はもっと短くなります。

電池寿命を求めるには「公称容量」を「平均電流」で割り算をします。

BLEデバイスの消費電流を算出してみる

もう少し具体的にイメージをするために、ムセンコネクトのBLEモジュール「LINBLE-Z1」の消費電流データを利用してBLEデバイスの消費電流を算出してみましょう。

架空のBLE温度計を例に比較します。このBLE温度計は単4電池直列2本、3Vで動作します。BLE温度計に対してパソコンが1時間に1回BLE接続をしにいき、温度データを取得します。接続して温度データを取得するのには1分かかるとします。

① 待機電流

BLEでアドバタイズをしながらパソコンからの接続を待っている状態です。

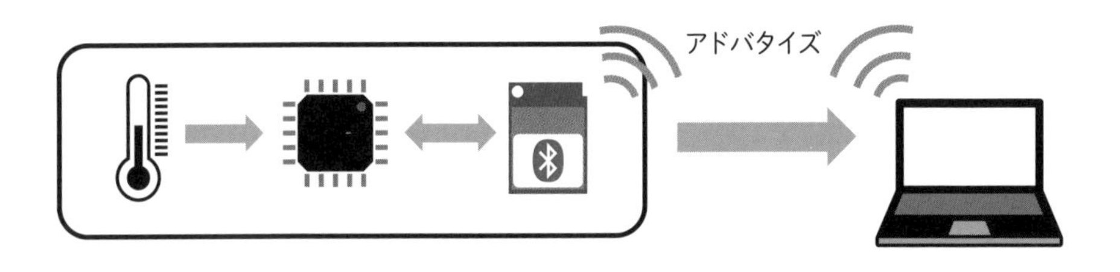

	状態	消費電流
温度センサ	スリープ状態	5 μA
マイコン	スリープ状態	5 μA
BLEモジュール	アドバタイズ状態	146 μA
合計	–	**156 μA**

※温度センサとマイコンの消費電流は架空のもの。BLEモジュールはLINBLE-Z1の消費電流データから利用（通常モード、アドバタイズ状態、DSI High）

② 動作電流

パソコンとBLE接続し、温度センサからデータをサンプリングしてパソコンに送っている状態です。

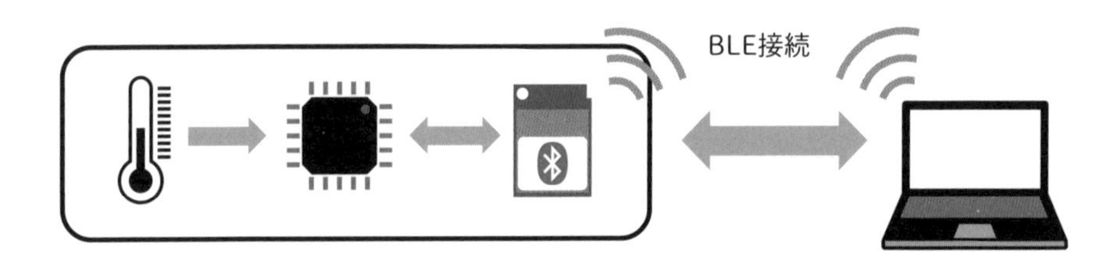

	状態	消費電流
温度センサ	測定状態	100 μA
マイコン	動作状態	1,500 μA
BLEモジュール	オンライン状態	977 μA
合計	–	**2,577 μA**

※温度センサとマイコンの消費電流は架空のもの。BLEモジュールはLINBLE-Z1の消費電流データから利用（通常モード、ペリフェラルオンライン状態、連続してデータ送信）

③ 平均電流

1時間（60分）のうち1分間だけ動作状態になるような使い方なので、平均電流は下記のようになります。

平均電流＝(156 μA × 59分 / 60分)＋(2,577 μA × 1分 / 60分)＝196 μA

	割合	消費電流
待機電流	59分/60分	156 μA
動作電流	1分/60分	2,577 μA
平均電流	–	**196 μA**

④ 電池寿命

単4電池の公称容量は800mAhですので平均電流で割ると4081時間動作できることになります。つまり、約170日の電池寿命になります。

800,000 μAh ÷ 196 μA　＝　4,081時間　≒　170日

今回は架空のBLE温度計を例にしましたが、機器の仕様や構成によって、もっと低消費電力にすることができますし、ユースケースの想定によっても結果は大きく変わってきます。

1-9 プロファイルはデバイス同士が喋れる「言語」

Bluetoothのプロファイルとは、デバイスの動作方法、製造者やシリアル番号といったデバイスに関する情報、デバイス内から他デバイスに通信したいデータ情報、セキュリティ条件、同時実行の制限など、2つ以上のデバイスがどのように連携するのか、必要な情報をまとめた仕様のことです。つまり、「デバイスの機能そのもの」になります。搭載されているプロファイルはデバイス毎に異なり、プロファイルの有無によってデバイスの機能自体が大きく変わります。よって、連携するデバイス同士で同じプロファイルを持っていないと通信することができません。

たとえて言うなら、Bluetoothのプロファイルは各デバイスが喋れる「言語」のようなものです。上記のようにお互いに同じ言語を喋ることができなければ会話（通信）ができません。

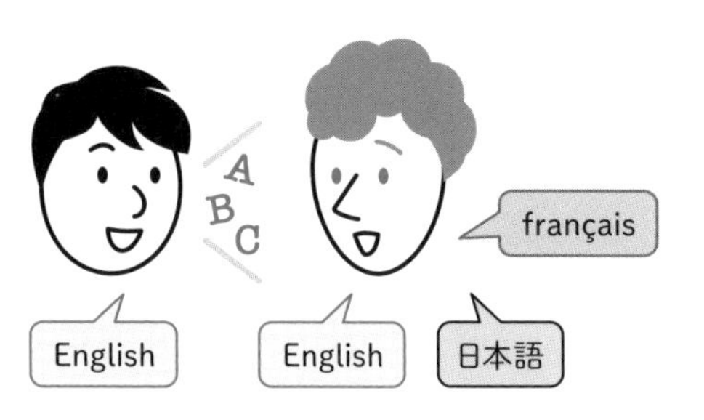

また、デバイスによっては1つの言語（プロファイル）しか喋ることができないものもあれば、3つの言語（プロファイル）を喋ることができるトリリンガルのようなデバイスもあります。

身近なプロファイル例「ワイヤレスイヤホン」

最近ではワイヤレスイヤホンやヘッドセットを通じて、iPhoneやAndroidなどのスマートフォンで好きな音楽を聴いたり、動画を見たり、ゲームをしたり、通話をしたりという方も多いと思います。ワイヤレスイヤホンは「高音質」や「低遅延」が当たり前だとユーザー側は考えがちですが、ここはプロファイルの有無が重要になります。

そもそも、音楽再生を目的としたプロファイル「A2DP（Advanced Audio Distribution Profile）」に対応したBluetooth製品でなければ、音楽再生の基本的な性能は発揮されません。実際にスペック表の対応プロファイルを確認してみると、とある格安輸入品のワイヤレスイヤホンにはA2DPの表記がなく、音楽再生を目的としたBluetooth機器の前提条件さえ満たしていないこともあります。

ヘッドセットの無線化を目的としたプロファイル「HSP（Headset Profile）」、発信元の情報を音声通知する拡張プロファイル「HFP（Hands-Free Profile）」、そして先述したA2DPの合計3つのプロファイルを搭載しているワイヤレスイヤホンであれば、音楽再生を楽しみつつ電話の着信通知を受け取ることができ、そのままワイヤレスイヤホンを通じた通話も可能です。

Column 【プロファイル実例】Nintendo SwitchがBluetoothオーディオに対応

2021年9月15日に、「Nintendo SwitchがBluetoothオーディオに対応した」というニュースが流れました。これはユーザーの「オーディオ出力をワイヤレス対応して欲しい」という声に応えた形で、ユーザーは本体更新でシステムバージョンを「13.0.0」にアップデートすればBluetoothオーディオが利用可能になりました。この件も、それまでは対応していなかったBluetoothの「A2DP」プロファイルにNintendo Switch本体が対応したことが大きく関わっています。

この例で強調しておきたいことは「プロファイルは発売後に追加されることもある」ということです。ソフトウェア更新によってそれまで接続できなかったデバイスと通信できるようになり、ユーザビリティが一気に高まることがあります。

代表的なプロファイル一覧

Bluetoothの代表的なプロファイルを一覧にしてみました。

▶ Bluetooth Classicの代表的なプロファイル

略称	正式名称	機能
A2DP	Advanced Audio Distribution Profile	音楽再生用
AVRCP	Audio/Video Remote Control Profile	オーディオ・ビデオ機器制御用
DUN	Dial-Up Networking Profile	ダイアルアップ接続用
HFP	Hands-Free Profile	ハンズフリー用
HID	Human Interface Device Profile	マウス・キーボード入力用
HSP	Headset Profile	ヘッドセット用
MAP	Message Access Profile	メッセージ交換用
PBAP	Phone Book Access Profile	電話帳アクセス用
SPP	Serial Port Profile	シリアル通信用

▶ BLEの代表的なプロファイル

略称	正式名称	機能
BLP	Blood Pressure Profile	血圧値測定用
CGMP	Continuous Glucose Monitoring Profile	連続血糖値モニタリング用
FMP	Find Me Profile	置き忘れ防止用
HOGP	HID over GATT Profile	マウス・キーボード入力用
HRP	Heart Rate Profile	心拍数測定用
IPSP	Internet Protocol Support Profile	Bluetoothテザリング用
PXP	Proximity Profile	近接判定用

»» プロファイルをさらに理解するには「Bluetooth構造」を学ぶべし

ここまでBluetoothのプロファイルについて学んできましたが、Bluetoothの全体的な構造まで理解するとさらに理解が深まります。

Bluetoothの構造

Bluetoothテクノロジーは、コントローラーとホスト、そしてプロファイルの組み合わせによって成り立っており、プロファイルはこの中の上位Layerとして位置しています。

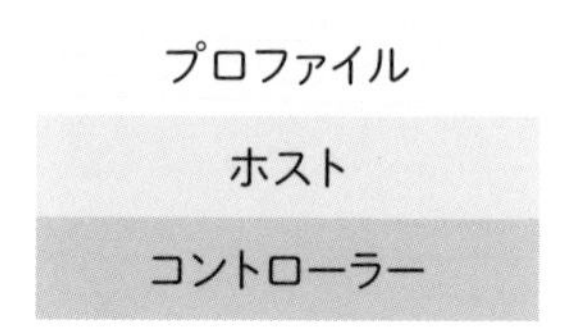

Bluetoothの無線オプションによって構造とそのレイヤーも異なる

Bluetooth ClassicとBLEではそれぞれ構造とレイヤーが異なります。

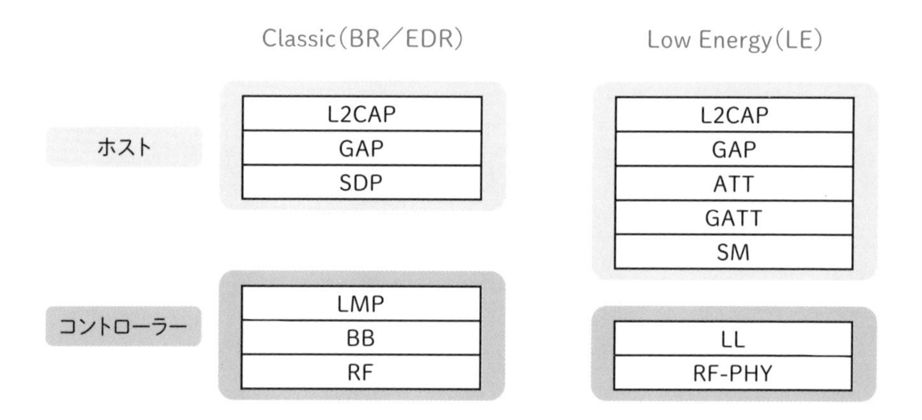

Bluetooth SIG、https://support.bluetooth.com/hc/en-us/articles/360049019812-Core-Layer-Requirements-of-Bluetooth-Designsより

Bluetooth ClassicとBLEを構造比較した場合、コントローラーおよびホストの中身の構造が異なっていることがわかります。そのため、その上位Layerであるプロファイル自体もBluetooth ClassicとBLEではまったく異なるプロファイルで構成することになります。BLE通信ではホストLayerにある「GATT」がとても重要になります。GATTはデバイスが公開する状態データの種類や使用方法

を定義しているもので、BLE通信のプロファイルはすべてGATTを使用して構築されているため、GATTはBLE通信におけるデータ転送の軸になっています。

標準プロファイルとカスタムプロファイルの違い

Bluetooth SIGが定義し、公開したプロファイルを「標準プロファイル」と呼びます。Bluetooth SIGのワーキンググループが中心となりBluetoothのイノベーションを念頭に置いて技術設計したものが標準プロファイルです。

下記は標準プロファイルの一例です。

- 音声系のプロファイル：A2DP
- マウスやキーボードなどの入力系プロファイル：HID、HOGP
- デバイスのバッテリ状態を通知するプロファイル：Battery Service Profile

一方、サードパーティの開発者はBLEの標準プロファイルであるGATTのアーキテクチャを使用して独自のプロファイルを定義することが許されており、それらを総じて「カスタムプロファイル」と呼んでいます。

標準プロファイルのメリット・デメリット

標準プロファイルを利用する一番のメリットは他社Bluetoothデバイスとの相互運用性（≒互換性、接続性）です。これを担保するためにBluetooth SIGでは「Bluetooth認証時のPTS試験の義務化」や「UPFによるテストイベント開催」などを用意しています。

Column　PTS（Profile Tuning Suite）試験

自社デバイスに搭載しているBluetoothのプロファイルがBluetooth SIGの基準に適合し、正しく機能することを確認する自動テストシステム。

Column　UPF（UnPlugFest）

さまざまなメーカー機種間での互換性を解決するため、Bluetooth SIGがメンバー会員のために開催しているテストイベントのこと。たとえば、自社未発表のBluetooth製品を他社の製品やプロトタイプと比較して、テスト・相互運用性を向上させる機会などが設けられている。

しかしながら、標準プロファイルではなくカスタムプロファイルを採用しているメーカーも少なくありません。その理由として、標準プロファイルには以下のようなデメリットが挙げられます。

- 開発した製品がどの標準プロファイルを利用すればよいかわかりづらい
- 互換性の担保・確認にコストがかかる
- メーカー毎の独自性が発揮しづらく、囲い込みができない

カスタムプロファイルのメリット・デメリット

カスタムプロファイルのメリットはBLEのGATTプロファイルをベースにするため、Bluetooth SIGの規格に準拠した上で独自デバイス向けにプロファイルを定義・実装できることです。カスタムプロファイルは自由度が高いことも特徴で、たとえばカスタムプロファイルにBluetooth SIGが採用した標準サービスや自社で考案したカスタムサービスの両方を組み込んで混在させることも可能です。

一方、カスタムプロファイルのデメリットももちろんあります。

- 自分で開発しないといけない
- 互換性が少ない（カスタムプロファイルを公開するかによる）

カスタムプロファイルを公開するかどうかについては、メーカーのビジネス上の考え方次第です。他のサードパーティ開発者が利用できるようにカスタムプロファイルの詳細を公開する事業展開もあれば、囲い込みを優先して公開しないケースもあります。

1-10 コーデックはデバイスの「方言」

コーデックとは、符号化方式を使ってデータのエンコード（データを他の形式に変換すること）とデコード（エンコードされたデータを元の形式へ戻すこと）を双方向にできる装置やソフトウェアのことを示します。ここではコーデックをよりわかりやすく解説するため、よく話題になる音声コーデック（オーディオコーデックとも呼ばれる）を取り上げます。

Bluetoothの音声コーデックは、音をどういう方法で圧縮して伝えるかという「音の圧縮方式」のことです。これによって音質・遅延に影響を与えます。Bluetoothを構成するLayerの中で、プロファイルは一番上位Layerに位置します。そのプロファイルの中に音楽再生プロファイル「A2DP」があり、音声コーデックは「A2DP」のさらにその中に含まれます。

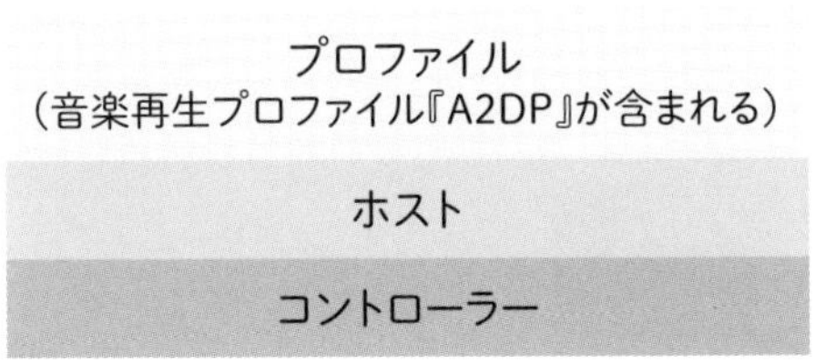

プロファイル
（音楽再生プロファイル『A2DP』が含まれる）
ホスト
コントローラー

》》音声コーデックの役割とは？

Bluetoothの音声コーデックの役割は、圧縮されていないデジタルオーディオストリーム（デジタルオーディオ信号の流れ）を大幅に圧縮し、Bluetoothで伝送し、再生時に解凍することです。「A2DP」では規格上必須なコーデックとして「SBC」が定められています。また、「SBC」以外のオプションとして「AAC」、「aptX」や「LDAC」などの「より高音質にしたい場合に使っても良いコーデック」が定められています。そのためデバイス間で通信する際、まず対応コーデックは何かという情報が相互にやりとりされ、その上で通信できるコーデックで伝送されることになります。

コーデックはデバイス同士が喋れる「標準語」と「方言」のようなもの

Bluetoothのプロファイルは各デバイスが喋れる「言語」のようなものですが、Bluetoothのコーデックをたとえて言うなら、各デバイスが喋れる「標準語」と「方言」のようなものと表現できます。お互いに喋れる言語として日本語（A2DP）は一緒でも、話し方は人それぞれ出身地や生まれ育った環境によっても異なります。ただ、基本となる標準語であればほとんどの人が理解できます。

つまり、日本語における標準語として必ず搭載されているのが「SBC」であり、方言として「aptX」のようなオプションのコーデックも用意されています。コーデックによってデバイス間の深いコミュニケーションが可能になり、「より音質

が良く、遅延しない音楽再生」を実現しているのです。

代表的な音声コーデック一覧

代表的な音声コーデックとその特徴を一覧にしてみました。

種類	特徴
SBC	必ずサポートしなくてはならない必須コーデック
MPEG-1,2 Audio	**MP3コーデック** 製品化にライセンスが必要なため普及せず
MPEG-2,4 AAC	**AACコーデック** 製品化にライセンスが必要だがApple社が推奨しているため普及
ATRAC family	**MD/RealAudioコーデック** ソニー社が開発したコーデックで種類が多く古いため現在は普及せず
Vendor Specific A2DP Codec	**ベンダ独自コーデック** Qualcomm社のaptXやハイレゾ音声伝送可能なソニー社のLDACが有名

Column　注目のコーデック「LC3」

これまでBluetooth Audioの機能はClassic Audioしかなく、その中の標準仕様（コーデック）としてSBCが存在していました。しかし、Bluetooth 5.2からLE Audioという新しい機能が登場したことで、Bluetooth Audioは2つのモードに分かれました。

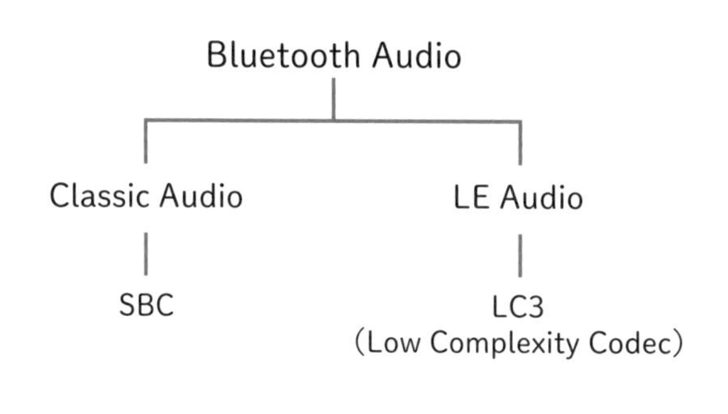

そして、このLE Audioの登場により、新しいAudio系コーデックである「LC3（Low Complexity Codec）」が導入されました。標準コーデックであるSBCと比較しながらLC3について解説をしていきます。まず、SBCでは高音質のデジタルオーディオストリームを345kbpsまで圧縮可能です。

▶ **SBCの圧縮（イメージ）**

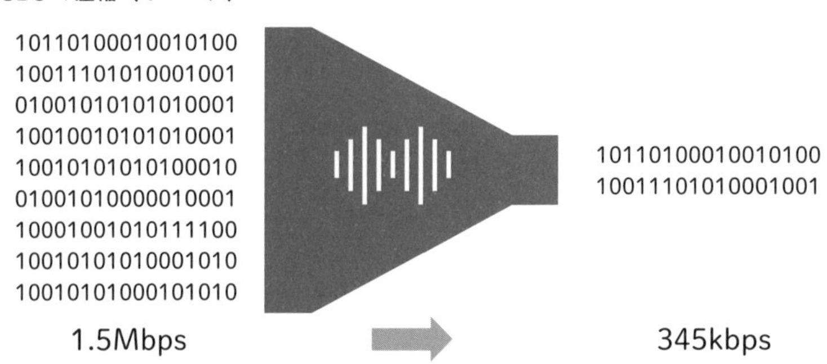

一方、LC3もSBC同様に高音質のデジタルオーディオストリームの圧縮を行いますが、より小さい192kbpsまで圧縮が可能です。

▶ **LC3の圧縮（イメージ）**

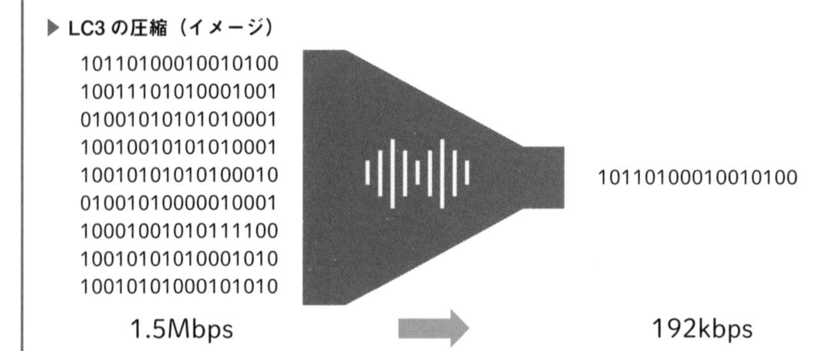

このようにSBCとLC3では圧縮に差があることがわかりましたが、音質についてはどれくらい差が出てくるのでしょうか？これについてはBluetooth SIGが提供しているデータを見ながら解説していきます。

音質比較

▶ SBC と LC3 の音質比較

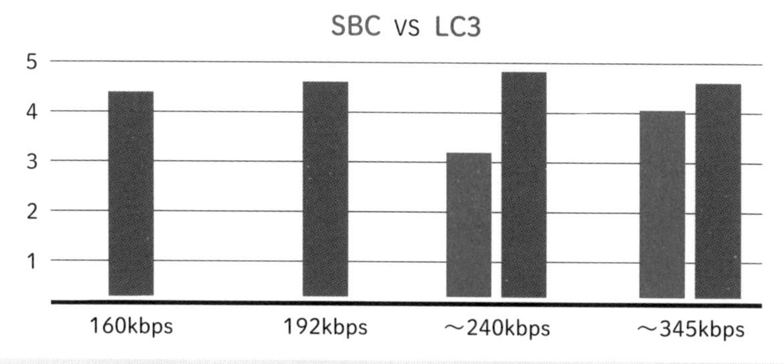

Bluetooth SIG、https://www.bluetooth.com/ja-jp/learn-about-bluetooth/feature-enhancements/le-audio/ より

まず、～240kbps、～345kbpsの範囲ではSBCよりLC3の方が音質に優れていることが確認できます。SBCでも高い音質性能がありますが、LC3はさらにそれを上回っています。また、SBCの半分以下となる160kbpsという低いデータレート時でも、LC3はSBCと同じレベル以上の音質を確保できていることが確認できます。低ビットレートで製品化されたBluetoothオーディオデバイスは消費電力を抑えられるので、よりバッテリーの持続時間が長く、かつ、高音質な音楽転送が期待されています。

1-11　聞き覚えのある「ペアリング」

「ペアリング」という言葉は、Bluetoothを使ったことのある人なら聞き覚えのある言葉ではないかと思います。ペアリングとは、「通信相手を覚えさせてペアにすること」を言います。たとえばBluetoothマウスを買ってきた後、パソコンにマウスを覚えさせる以下のような操作が「ペアリング」です。

1. Bluetoothマウスの裏面にあるボタンを押してマウスをペアリング設定モードにする
2. パソコンのBluetooth設定画面から周囲のデバイスを検索する
3. Bluetoothマウスを選択してパソコンにBluetoothマウスを登録する

しかし、実はBluetoothの歴史的な背景やBluetoothの技術的な用語のわかりづらさも影響して、「ペアリング」の言葉の使い方は人によってマチマチになっています。私もお客さまと話をするときには相手が「ペアリング」という言葉をどういう意味で使っているのか読み解くのに注意を払います。ある人は「Bluetoothで接続すること」をペアリングという言葉で表現していましたし、また別のある人は「アプリがペリフェラルデバイスのデバイス名やBDアドレスを覚えておく機能」という意味合いでペアリングという言葉を用いていました。このように人によってマチマチな理解をされがちなペアリングですが、技術的な観点で話をする場合には「通信相手を覚えさせてペアにすること」に加えてもう少し深く理解をする必要があります。技術的な要素を踏まえると、ペアリングとは「通信相手を覚えさせてお互いにしかわからない共通の暗号化情報を保持しておくこと。そして通信内容を暗号化して相互にセキュアな通信をすること」になります。

Column　ペアリング？　ボンディング？

BLEの技術用語で言えば「ペアリング」ではなく、「ボンディング」という言葉を使う方が本当は適切です。ですが、ここでは多くの人が知っている「ペアリング」という言葉で話を進めます。前述のBluetoothの歴史的な背景もあって、スマートフォンやパソコンのBluetooth設定画面でも「ペアリング」という言葉が使われています。

Column　ペアリングは必須？

Bluetooth Classicでは、初回接続時には「ペアリングが必須」でした。接続前に必ずペアリング操作を行わなくてはならなかったため、この一手間が「Bluetoothは接続が面倒」という印象を与えていました。

一方、BLEではペアリングが必須操作ではなくなったため、ペアリングを省いて接続操作を簡略化するのか、ペアリングを行ってセキュリティを強化するのか、メーカーはデバイスの用途に応じた選択ができるようになりました。

ペアリングの目的は通信内容を暗号化すること

ペアリングをする目的は大きく2つあります。

- お互いの通信相手を覚えること
- お互いにしかわからないように通信内容を暗号化すること

逆に言うと、ペアリングを実施しないBLE通信は通信内容が平文（暗号化されていない状態）でやり取りされます。ですので、BLE電波を受信できる専用装置を利用すると比較的簡単に通信内容を傍受できてしまいます。スマートロックなどのセキュリティ性が高い製品では通信内容が傍受されてしまっては困りますので、ペアリングを利用して暗号化したり、もしくは上位のアプリケーション層で独自に暗号化をかけて対策するのが一般的です。

BLEではペアリングによる暗号化情報の交換方法が2つあります。

- LE Legacy Pairing：シンプルな暗号化情報の交換方法
- LE Secure Connections（LESC）：Bluetooth 4.2で追加された、よりセキュアな暗号化情報の交換方法。楕円曲線暗号という暗号化の仕組みを利用

※LE Legacy Pairingではペアリングしている瞬間の無線通信内容を傍受された場合に暗号化情報が流出してしまう脆弱性が指摘されています。

ペアリングの処理

BLEでのペアリングは以下の流れで行われます。

① セントラルからペアリング要求を送信する

セントラルとペリフェラル間でBLE接続が確立した後、セントラル側がペアリング要求を送信します。ペリフェラル側がキャラクタリスティックに鍵をかけておくことで、セントラル側からペアリング要求を送信するように仕向けることもできます。

② ペリフェラルがペアリング応答を返す

ペリフェラル側はセントラルからのペアリング要求に答える形でペアリング応答を返します。

③ 認証処理が行われる

次にオーセンティケーションという認証処理が行われます。認証手法には以下のようなものがあり、ペアリング要求／ペアリング応答の情報から使用する認証手法が決定されます。

- Just Works：ユーザー操作無しに自動的に接続相手を認証する簡易な認証

※機器によっては「ペアリングをしますか？」とユーザーにYES操作を求める表示が出るものもあります。

- Passkey Entry：パスキー入力を求める認証（スマートフォンのように表示と入力の機能がある機器で利用。間違ったパスキーを入力すると認証に失敗）
- Numeric comparison：お互いに認証番号を表示してペアリングしようとしている相手が意図した相手であるか確認
- Out Of Band：NFC(機器をかざして使うような超近距離無線)など、Bluetooth以外の通信方法を利用する認証

④ 暗号化情報を交換する

お互いの認証が成功した後、暗号化情報の交換が行われます。暗号化情報は不揮発メモリに保存され、次回同じ相手と通信する際にも利用されます。この暗号化情報のことを「ペアリング情報」と呼びます。

⑤ 暗号化された通信を行う

暗号化情報が交換された後は暗号化情報に基づいてデータ通信の内容が暗号化されます。なお、再接続時にお互いが暗号化情報を保持していれば、ペアリング済みデバイスとして①～④の処理が省かれ、すぐに暗号化された通信を行うことができます。

ちなみに、ペアリング時にセントラル側のスマートフォンでは以下のように表示されます（iPhone8の場合）。

- Just Worksのとき

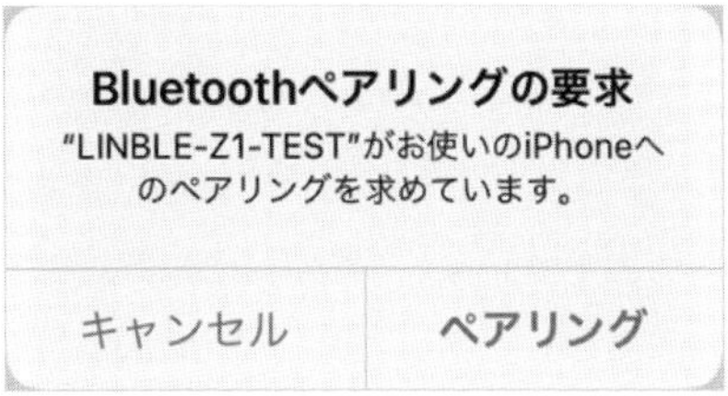

Bluetoothペアリングの要求
"LINBLE-Z1-TEST"がお使いのiPhoneへのペアリングを求めています。
キャンセル　ペアリング

●Passkey Entryのとき

●Numeric comparisonのとき

ペアリング利用時の注意点

ペアリングは便利な機能ですが､BLE通信の「誰とでもカンタンに通信できる」という特徴とは相反するトレードオフな関係でもあります。ペアリングは技術的な知識を持たない一般ユーザーにとってはわかりづらいものです。そのため、ペアリング機能を持ったデバイスはユーザーのオペレーション上のトラブルが多くなってしまいます。

何らかの原因でペアリング情報が消えてしまった場合もトラブルになります。

たとえば、一方がペアリング情報を保持しており、もう一方がペアリング情報が消えてしまった場合に、BLE通信ができなくなってしまうトラブルが起きがちです（その場合、復旧させるためにはユーザーによってペアリング情報を削除する操作が必要です）。

また、スマートフォンやパソコン側のペアリング処理に起因する不具合も少なくありません。OSバージョンや機種などによってもその挙動は変わってきますが、相性の悪い機種ではペアリングを行うと正常な通信ができなくなるような場合もあります。

以前はそのようなトラブルがあまりにも多く、過去にはペアリング機能を搭載したコンシューマ向け製品で接続性が悪いこと、通信エラーが多いことを理由に製品レビューが炎上してしまった事例もあります。トラブル回避のためにあえてペアリングなし、かつ、上位アプリケーションで暗号化して通信させるのも一案です。BLE製品を開発する場合は安易にペアリング機能を導入せず、このようなリスクを理解した上でペアリングを利用するかどうか判断しましょう。

1-12 BLEビーコンの基礎と位置測位

「ビーコン」は不特定多数に向けて情報を発信する仕組みのことです。元々、航空機や船舶などの移動体が信号を受信して位置情報などを取得する設備として発展しました。人が持つ携帯型ビーコンとしては475kHzの微弱電波を活用した「雪崩ビーコン」があります。これは雪山登山で雪崩が起きた際に埋没者を探す機器として活用されています。その後、2012年にはイーアールアイ社がBluetooth Classicを活用したスマートフォン向けビーコン「BLUETUS」を、2013年にはApple社がBLEを活用したビーコン「iBeacon」を発表し、スマートフォン向けに情報発信を行う「ビーコン」も一般的に身近な存在となりました。ここから先は本題である「BLEビーコン」について話を進めていきます。

ビーコンシステムの一般的な構成は下記のようになっています。

① ビーコンデバイスはお店の前や、ある空間内に固定設置され、常に電波を発信し続けています。

② 専用アプリをインストールしたスマートフォンが電波を受信し、ビーコンのID情報を取得します。

③ 専用アプリはビーコンのID情報に紐付いたコンテンツをクラウドから取得し、画面に表示します。

たとえば、「スマートフォンを持った人がお店の前を通ったときにスマートフォンが反応。画面に広告やクーポンを表示して来店を促す」といったシステムを作ることができます。

ビーコンで何ができる？　その利用シーン

BLEビーコンの最大の特徴は（BLEの特徴でもありますが）スマートフォンとの親和性が高いことです。BLEビーコンが発表された当時はスマートフォンが普及し始めた頃でした。高機能なネットワークデバイスを誰でも持ち歩くことができる時代が到来し、新たなビジネスモデルを構築しようとIT企業が活気づいていたときでした。O2O（Online to Offline）という言葉に代表されるように、リアル店舗に滞在していることを示す位置情報とウェブ上のサービスをつなげるマイクロロケーションサービス用のデバイスとしてビーコンの活用事例が注目されました。

ビーコンの代表的な利用シーンを挙げます。

- 屋内位置測位
- クーポン発行
- 観光案内
- デジタルスタンプラリー
- 美術館・博物館での展示物案内

タグ形状などのビーコンも登場し、他にも以下のような用途で利用されています。

- 来店ポイント
- 災害時の避難誘導支援
- 学校での出席確認
- 作業者の行動分析
- 空港や駅でのナビゲーション

最近では新型コロナの濃厚接触者確認アプリにもビーコンの技術が利用されており、それぞれの用途に応じて使用されるビーコンの仕様もさまざまです。

Column　BLEの登場でビーコン活用が加速

BLEの登場によって、Bluetooth Classicでは難しかった「長期間の電池駆動」が可能となりました。電源の確保や配線の手間が不要になったことで、ビーコン設置場所の自由度が高まり、設置時のオペレーションコストも軽減できるようになりました。これがBLEビーコン活用の後押しとなりました。

BLEビーコンの仕組みは？

ビーコンはBLEのアドバタイズの仕組みを利用します。アドバタイズはペリフェラル機器が「僕はここにいるよ」ということを伝えるための無線信号でした。アドバタイズはブロードキャスト通信なので、不特定多数のスマートフォンに同時に情報を伝えることができます。

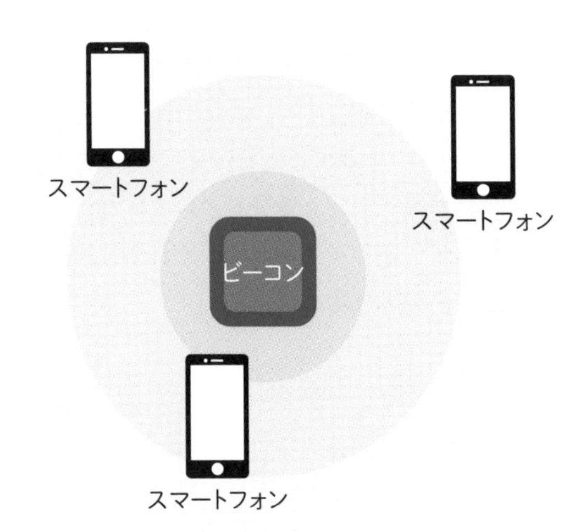

ビーコンには個別に固有のID情報が設定されています。一般的なビーコンはこのID情報をアドバタイズ信号の中に含めて発信するため、同じ場所に複数のビーコンがあっても区別がつくようになっています。たとえば、スマートフォンがID：001を受信したら来店ポイントを発行し、ID：002を受信したらクーポンを発行するというような使い方ができます。

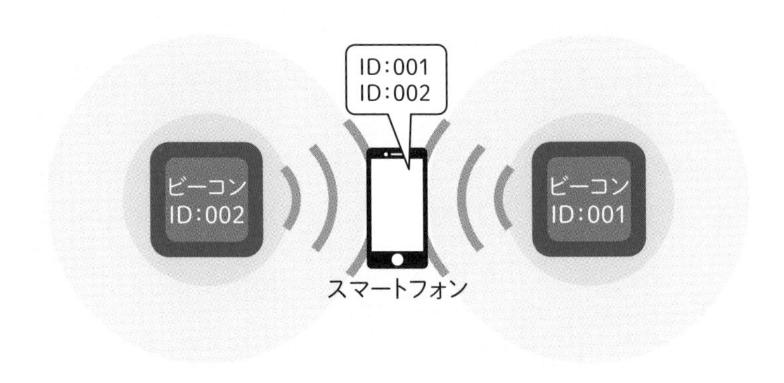

また、ビーコン毎にRSSIが取得できますので、だいたいの距離感を確認することができます。たとえば、お店の外でビーコンの電波を受信して来店ポイントが付与されてしまうようなことを防ぐため、スマートフォン側のアプリを工夫してRSSIが強くなったときだけ来店ポイントを付与するようにもできます。

現在、さまざまな会社がビーコンを販売していますが、利用されているビーコンフォーマットの種類は多くありません。技術的にも発信しているビーコンデータの内容の違いだけで、大枠の仕組みは同じです。

iBeacon

iBeacon（アイビーコン）はApple社が2013年に発表したビーコンの規格です。現在「BLEビーコン」といえば、iBeaconがデファクトスタンダードになっていると言っても過言ではありません。iBeaconはiPhoneで受信しやすいように専用の仕組みがあります。アプリ開発時には専用のAPIを利用でき、ビーコンとの距離感を確認したり、ビーコンの範囲内に入ったときにアプリを起動するような設定もできます。

ビーコンの発信データのほとんどがビーコン個体を示す固有のID情報になっています。

- UUID（16バイト）…そのサービスを表すサービス番号のイメージ
- Major（2バイト）…店舗を表す店番号のようなイメージ
- Minor（2バイト）…その店舗内の棚を表す棚番号のようなイメージ
- Measured Power（1バイト）…1m離れたところで受信されるRSSIの基準値

黎明期に仕様が策定されたままアップデートが行われていないため、ビーコンの電池残量などの管理用データを発信できないのが残念なところです。

Eddystone

Eddystone（エディストーン）は2015年に、iOSだけでなくAndroidなどBLEを使うあらゆるプラットフォームで利用できるオープンな規格としてGoogle社が発表しました。世の中の物すべてにURLをつけてウェブ化しようという「フィジカルウェブ」の考え方に基づいています。Eddystoneは用途に応じてさらにいくつかのフォーマットに分かれています。ビーコンのID情報を発信するEddystone-UID、URLの情報を発信するEddystone-URL、ビーコンの電池電圧などの管理情報を発信するEddystone-TLMなどがあります。

一時期、Google ChromeにEddystone受信機能がありましたが、現在は削除されているようです。iBeaconほど広まっておらず、日本で利用した事例はあまり聞きません。

LINE Beacon

LINE Beacon（ライン・ビーコン）は2016年にLINE社が発表しました。日本ではLINEの普及率が80%を超えていますので、すでに大多数の人がビーコンを受信できるという事実は大きなアドバンテージです。また、LINE Beaconはセキュアな用途にも利用できるように「なりすまし」を防ぐ仕組みも備えていますので、デジタルインセンティブを付与するような用途にも向いています。

非常に実用性が高いビーコンですがオープンに利用できる規格ではなく、LINE社のコントロールの元で利用する必要があるため、大きく普及が進んでいる状況ではないようです。

その他にも独自フォーマットを利用してURLや簡易メッセージを発信できるようにしたビーコンがあり、特定分野で利用されています。

BLEビーコンによる位置情報

「BLEビーコン」の黎明期では、スマートフォンを持った一般利用者向けに来店ポイントやクーポン配信などを行う販売促進の用途が大半でした。最近では業務用として、工場や物流倉庫で作業者の位置測位用途に使われるなど、利用シーンに大きな違いが出てきました。

屋外ではGPSを利用して作業員の位置を把握することが容易に実現できますが、屋内ではGPSの電波が届かなくなるため、作業員の位置を把握するには別の技術が必要になります。屋内での位置測位の技術は未だデファクトスタンダードな技術が登場していません。そのような状況の中で、BLEビーコンを使った位置測位技術は期待値が高い手法の1つです。

スマートフォンがビーコンの電波を受信したときに、アプリ側では受信した電波の強さ(RSSI)を確認することができます。そこから発想すると「スマートフォンが受信した電波の強さ」と「スマートフォンとビーコンの距離」が相関関係にあると考えられます。

▶電波の強さと距離の関係

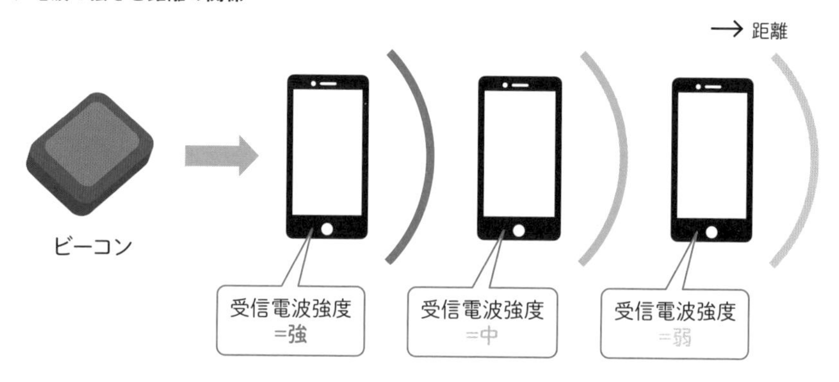

ビーコンからの距離が遠いほど受信電波強度（RSSI）は弱くなるという原理を利用すると、ビーコンの電波で簡易的な距離測定（測距）ができます。さらに、複数のビーコンから測距ができると空間上でスマートフォンが今いる位置を推定できます。あらかじめビーコンの設置位置がわかっていて、それぞれのビーコンからの距離がわかれば、交わる1点が計算できるという算段です。このような測位方式のことを3点測位と呼びます。

▶ **3点測位**

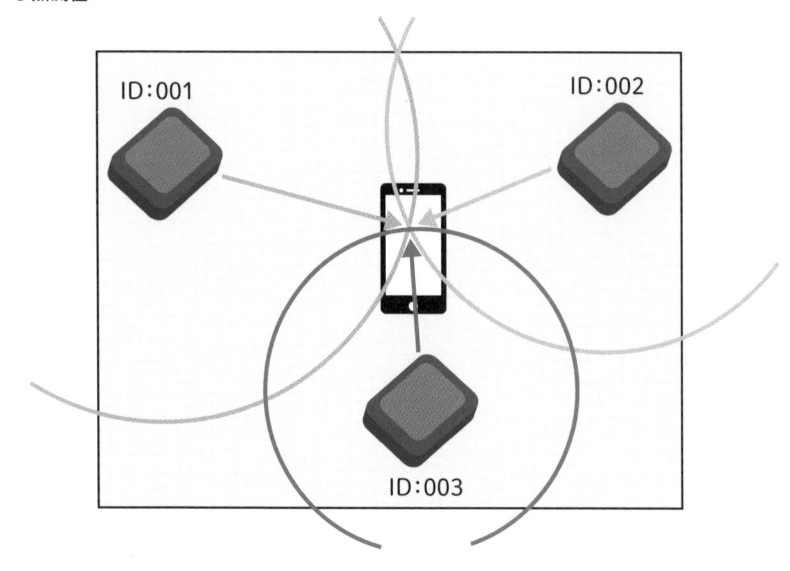

※ RSSIや換算した距離の値はイメージを掴むための例です。
　ID：001のビーコンからの電波が -80dBm（距離に換算すると10m）
　ID：002のビーコンからの電波が -75dBm（距離に換算すると5m）
　ID：003のビーコンからの電波が -65dBm（距離に換算すると3m）

　ここまで言うとビーコンを使った位置測位が簡単にできそうな気がしてしまいますが、実際は思ったようにうまくいかないものです。

≫ BLEビーコンによる測位・測距の難しさ

　宇宙空間のような何もない所（自由空間）では受信側には直接波だけが受信されるので、距離が離れる程RSSIが弱くなります。

▶自由空間での電波の届き方

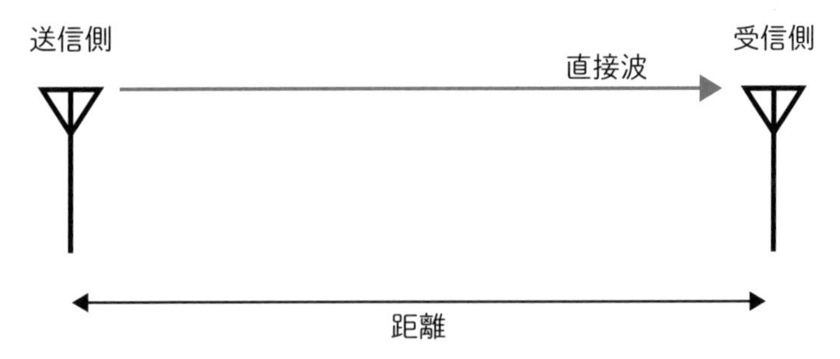

▶自由空間での距離と RSSI

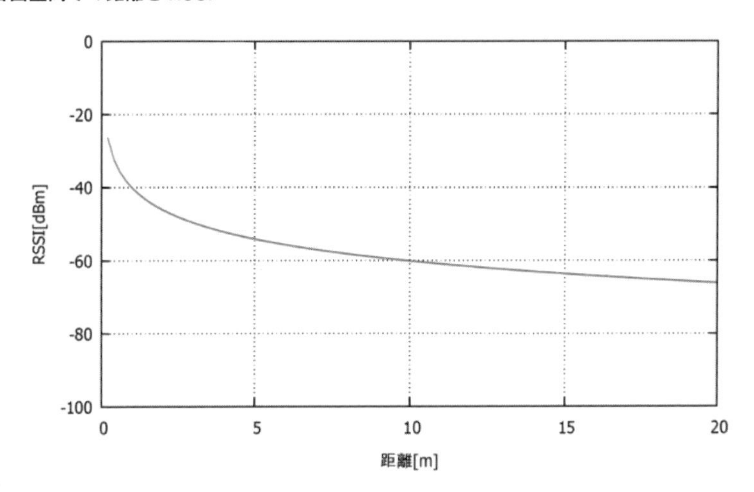

しかし、実際には地面があるので直接波と反射波が受信側に届きます。このとき、距離によって直接波と反射波が強め合って受信される場所があったり、弱め合って受信される場所があったりします。

▶実際の電波の届き方

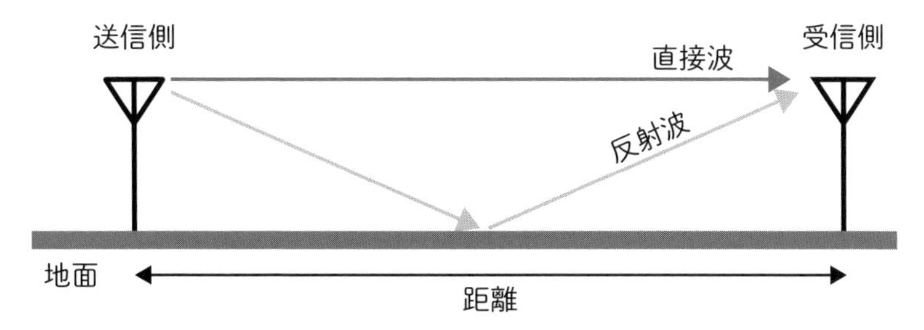

さらに、実空間では天井があったり、壁があったり、机や棚があったり、もっと複雑な反射を経て受信側に届きます。下記は実際に距離計測した例です。点でプロットされているのが実測データです。

▶RSSIと距離の実測値

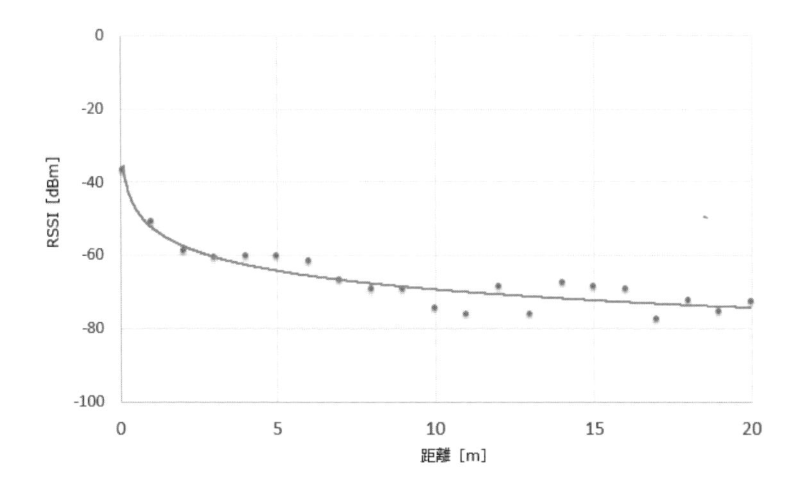

大枠で捉えると距離が離れる程RSSIが小さくなっていますが、反射波の影響でRSSIが強めに出ているところと弱めに出ているところがあります。たとえば距離が15mのときのRSSIと、7mのときのRSSIが同程度となっています。これではRSSI値から距離を正確に算出することはできません。

このように反射波の影響でRSSIが変動してしまう現象をマルチパスフェージ

ングと呼びます。実空間では必ずマルチパスフェージングが発生してしまいます。ビーコンを利用して精度の高い位置測位が実現できない理由の1つになっています。

ビーコンを利用した測角型の位置検出

ビーコンのRSSIを利用して「精度の高い位置測位」を実現するのは難しいというお話をしました。しかし、スマートフォンとの親和性やコスト感を考えると、BLEを利用した位置測位は捨てがたい選択肢です。そんな中、Bluetooth 5.1ではRSSIを利用せずに電波の位相を利用して位置測位を行う仕組みが新たに組み込まれました。

電波は空間を波のように伝わっていきます。BLEは2.4GHzの周波数なので、約12.5cmで位相が1回転する波として伝わります。

▶ **Bluetoothの位相**

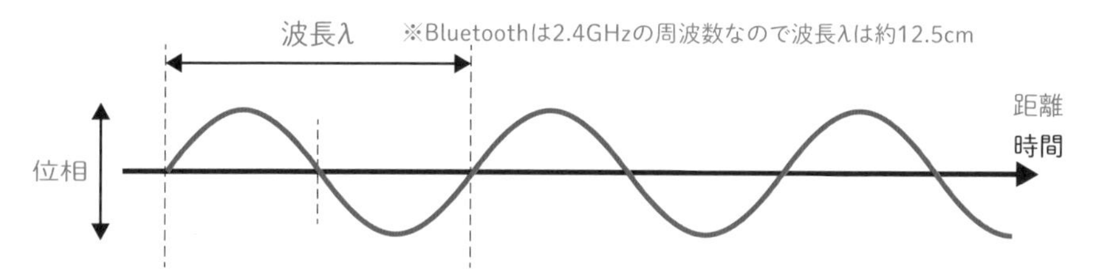

昔からレーダーなどで利用されている技術ですが、電波を複数のアンテナで観測して、それぞれのアンテナで受信した位相差を確認すると電波がどの方向から飛んできたかがわかります。下図のように正面から電波が到来した場合は2つのアンテナで同じ位相が観測されますが、ななめ方向から電波が飛んできた場合は2つのアンテナで位相が変わって観測されます。その観測された位相差から逆算することで電波の到来方向がわかるというのが電波の位相を利用した測角技術です。

▶正面方向から電波が到来した場合

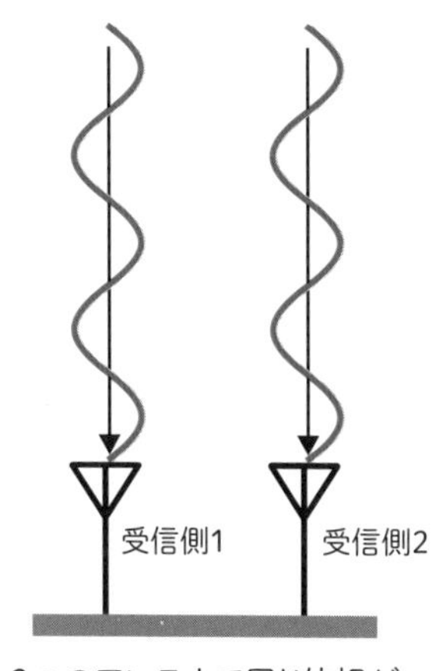

▶ななめ方向から電波が到来した場合

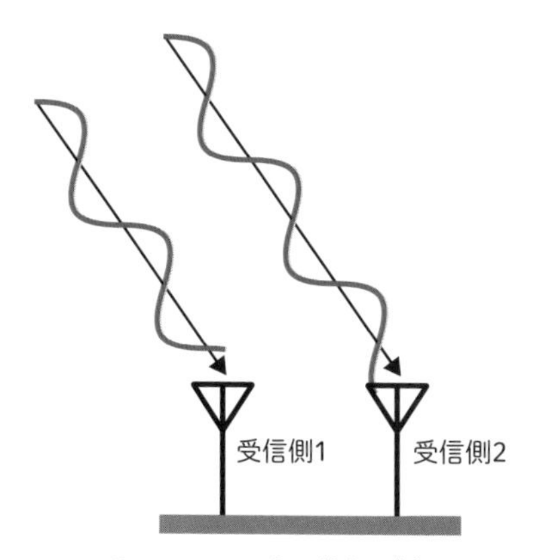

これをAoA（Angle of Arrivalの略。電波の到来方向推定）と呼びます。送受信を逆にすると、AoD（Angle of Departureの略。電波の出発方向推定）という言い方になります。屋内測位として利用するにはフィールドに複数のAoA受信機を用意して、それぞれの受信機で測角を行い、それらの推定角度を統合して位置解析を行います。

▶測位角による位置測位

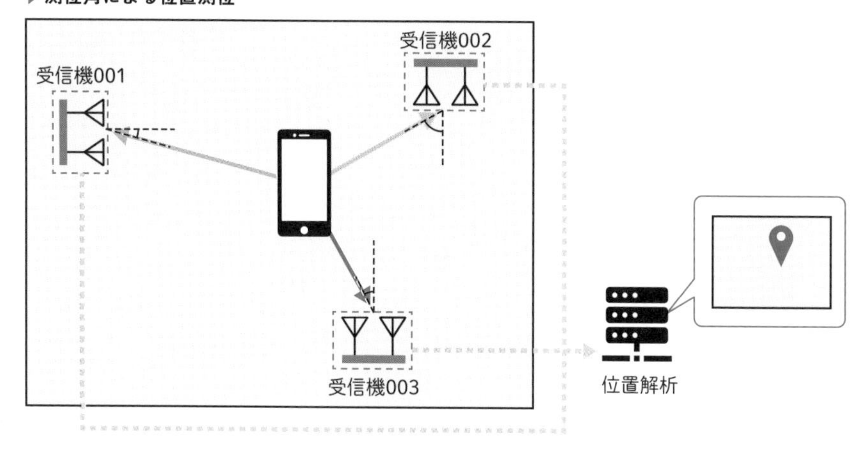

測角型はRSSIに頼らない位置測位技術です。環境やシステム構成によっては高精度での位置測位が期待できます。ただし、測角型であれば反射波の影響をまったく受けないというわけではありません。むしろ障害物には弱く、電波の通り道に障害物があると正しく測角ができなくなります。また、測角型は単純なRSSIによる測位と比べると複雑ですし、高いノウハウが必要です。

結局、ビーコン位置測位ではRSSIを使えばいいの？、測角を使えばいいの？ということになりますが、現状では測角型を検討するには時期尚早であり、RSSIを使ったビーコン位置測位しか現実的ではありません。

位置測位といえば高精度を求めがちですが、本当に高精度な測位が必要なのか再検討してみるのも良いと思います。再検討してみると、5メートル程度の誤差があっても許容できるというような声も意外と多く聞こえてきます。精度を気にしない用途であればRSSIを使ったビーコン位置測位でも十分有用なシステムになる可能性があります。

また、どちらが良いということではなく、一長一短あるさまざまな手法の中で、使用環境に合わせて選定したり、組み合わせて利用するのが一般的です。モーションセンシングから人の歩行軌跡を解析するPDR（Pedestrian Dead Reckoning）という技術を組み合わせることも有効性が高い方法になっています。

第2章

コレを知らなきゃ
モジュール選定で失敗する！
開発前に抑えておくべき
無線化予備知識

自社で開発したBluetooth機器を販売するためには、電波法・Bluetooth認証のルールを遵守しなければなりません。また、無線通信機器の大きなリスクとなり得るセキュリティ対策も不可欠です。これら「無線機器開発」に絶対必要な知識は開発に着手する前に身につけておかなければなりません。知っておくべき予備知識を把握せずに開発を進めてしまった結果、後々トラブルに発展してしまったエンジニアの事例をムセンコネクトは何度も目の当たりにしてきました。

このようなトラブルを回避するためには「Bluetoothモジュール選び」が重要であり、モジュール選びで決まると言っても過言ではありません。この2章ではエンジニアが知っておくべき「電波法・Bluetooth認証」「セキュリティ対策」について解説し、それも踏まえたBluetoothモジュール選びのポイントを次の3章で解説します。

なお、本書で解説する電波法やBluetooth認証の内容は2024年2月時点での情報に基づいています。法令や認証のルールは適宜改正されますのでご注意ください。

とくにBluetooth認証はこれまでにもたびたび大幅なルール変更が実施されてきました。実際に手続きを行うタイミングで必ず再確認いただけますようお願いいたします。

電波法やBluetooth認証に関する最新情報はムセンコネクトの「無線化講座」でもお届けしております。

2-1 無線化するなら知らなきゃいけない電波法・Bluetooth認証

Bluetoothモジュールを組み込んでBluetooth機器を開発、販売する場合、メーカーは電波法とBluetooth認証を取得する必要があります。なんとなく必要なものということは理解できていても、なぜ必要なのか？、仮に無視した場合はどうなるのか？、みなさんはそこまで理解できているでしょうか？実際、「無線認証を無視した場合はどうなるの？罰則はあるの？」というお問い合わせは、メーカーエンジニアからもっとも相談される質問の1つです。

そこで、まずは電波法とBluetooth認証について詳しく解説する前に、それらの違いに着目しながら必要性について解説します。

電波法とBluetooth認証は自動車免許とF1のライセンス

電波を発信する機器は各国それぞれの法律に準拠する必要があります。日本でも電波法が存在し、現在は総務省が管理しています。

総務省 電波利用ホームページ
URL: https://www.tele.soumu.go.jp/j/sys/equ/tech/

無線技術を搭載した製品を海外へ輸出する際は、輸出したい国の法律基準に適合することが必須となります。つまり、輸出したい国それぞれの電波法の認可（海外認証）を取得しなければなりません。ではBluetooth認証も国の法律か？というとそういうわけではなく、Bluetooth認証というのは民間団体であるBluetooth SIGが「Bluetoothの技術仕様や、その利用方法について定めている独自ルール」です。つまり、法律ではありません。この違いをしっかり認識するのが重要です。

たとえて言うなら、電波法は国が発行している普通自動車免許のようなものです。公道でクルマを運転するためには普通自動車免許が必要です。同じように公の場で無線機器を利用するためには、その無線機器が電波法を取得している必要があります。

電波法

一方、Bluetooth認証はF1のライセンスにたとえられます。F1のマシンに乗る、F1のレースに参加するためには国際自動車連盟（FIA）が認定するF1のライセンスが必要ですが、それを所持していたからといって、日本の公道を運転できるわけではありません。逆も然りで、普通自動車免許を持っているからといって、F1のレースに参加できるわけではありません。

Bluetooth認証

つまり普通自動車免許とF1のライセンスがまったくの別物であるように、電波法とBluetooth認証もそれぞれが独立したまったくの別物であることがご理解いただけると思います。

もう1つ、電波法が運転免許に似ている点、それは「運転免許は国や地域によって管轄が異なる」という点です。日本の普通自動車免許は日本国内でしか有効ではありません。日本の免許を持っているからといって世界中のどこでもクルマを運転して良いというわけではなく、アメリカで運転したければアメリカの、中国で運転したければ中国の運転免許が必要です。同様に、無線機器も日本の電波法を取得していれば全世界どこでも、どんな出力の電波を発信して良いわけではなく、アメリカで使用したければアメリカの、中国で使用したければ中国の電波法を取得する必要があります。国によって法律が異なるのは当然のように、電波法も法律ですので、5カ国で扱いたければ5カ国分の、10カ国で扱いたければ10カ国分のルールに合わせた手続きが必要となります。対して、Bluetooth認証は法律ではありませんので、国ごとに取得が必要というものではなく、一度取得してしまえば全世界で有効です。

電波法とBluetooth認証を無視すると…

では仮に電波法とBluetooth認証を無視してしまった場合はどうなるのでしょうか。

電波法の無視は法律違反

電波法は法律ですので、無視した場合は単純に法律違反となります。稀に電波法違反で検挙されたという報道を目にすることがありますが、法的に処罰の対象となってしまいます。

Bluetooth SIGの権利の侵害（民事）

一方Bluetooth認証は法律ではありませんので法的な処罰の対象にはなりません。ただし、不当にBluetooth SIGの権利を侵害したということで、民事的なリスクを負うことになります。Bluetooth認証を取得せずにBluetooth技術を利用することは、権利者であるBluetooth SIGに許可なく無断でその技術や権利を利用してしまったことになり、販売差し止めや賠償責任のリスクが発生します。

Bluetooth SIGは本当に督促する

ここでみなさんに知っていただきたい重要なことがあります。それは「Bluetooth SIGは認証取得していないメーカー、製品に対して、認証手続きを完了するよう本当に督促する」という事実です。

実際ムセンコネクトでも督促を受けてしまったメーカーから相談を受けることがあります。あるメーカーはBluetooth SIGから送られたメールでの警告に気づかず1か月近く放置してしまったため、罰金が課される強制執行が目前まで迫っており、時間的猶予がほとんどない状況でした。そのケースではすぐにムセンコネクトがサポートに加わり、是正措置プラン（CAP）をBluetooth SIGに提出して合意を取り、適切な認証プロセスを踏むことで解決に至りました。しかし、過去には督促を無視し続けてペナルティを受ける事態にまで発展してしまった実例も目の当たりにしています。このようにBluetooth認証を無視することは大きな代償を覚悟しなくてはなりません。

Bluetoothロゴを使用しなければBluetooth認証は不要？

「Bluetooth ロゴは使用できなくても良いので、Bluetooth 認証は取らなくても良いですか？」

こういった質問もよく受けます。Bluetooth SIGは「Bluetoothロゴの使用有無にかかわらず、Bluetooth技術を使用した時点でBluetooth認証が必要」、そして「Bluetooth認証を取得した上で、ロゴを使用するしないはメーカーの自由」と案内しています。というわけで、ロゴを使用しない場合でもBluetooth認証は必要です。ご注意ください。

Column　相互接続性の高さはBluetooth認証の賜物

他社同士のデバイスであっても難なく接続できる「相互運用性の高さ」がBluetoothの特長のひとつですが、昔から相互接続性が高かったわけではありませんでした。

Bluetoothの黎明期は「相性問題」があり、古くからBluetoothを知るユーザーの中には「Bluetoothは他社デバイスとは接続できないこともある」と認識する人も少なくありませんでした。

しかし、いま現在はそのような相性問題も少なくなり、他社デバイス同士でも接続できないという話はほとんど耳にしなくなりました。それこそがBluetooth SIGがBluetooth認証プロセスに力を入れてきた賜物であり、認証プロセスの仕組みのおかげといえます。

2-2 採用するBluetoothモジュールによってやるべきことが変わる

このように、Bluetooth機器開発には避けては通れない電波法とBluetooth認証の対応ですが、実際メーカーエンジニアがどのような手続きをすれば良いのかは、採用する（組み込む）Bluetoothモジュールによって異なります。Bluetoothモジュールが電波法を取得済みかどうか、Bluetooth認証を取得済みかどうか、Product Typeは何かなど、いくつかの要因によって最終製品での手続き、費用、期間が変わってきます。ここからはBluetoothモジュール選定に必要な予備知識について順を追って解説していきます。

技適とは？

電波法とは、先ほどもふれたとおり国の共有財産である「電波」の取り扱いについて国が定めているルールであり、国の法律です。無線機器を扱う際にはルールを理解し、ルールを遵守しなければなりません。技適とは「技術基準適合証明」の略称で、「日本国内電波法」のことを指します。

> *技術基準適合証明は、総務大臣の登録を受けた者（登録証明機関）等が、特定無線設備について、電波法に定める技術基準に適合しているか否かについての判定を無線設備1台ごとに行う制度です。*
>
> *無線通信の混信や妨害を防ぎ、また、有効希少な資源である電波の効率的な利用を確保するため、無線局の開設は原則として免許制としており、当該無線局で使用する無線設備が技術基準に適合していることを免許申請の手続きの際に検査を行うこととしております。*

総務省、「電波利用ホームページ」
URL：https://www.tele.soumu.go.jp/j/sys/equ/tech/

つまり、技適とは無線通信の安定、かつ、スムーズな利用の確保を目的として作られた日本の法律です。BluetoothやWi-Fiなどの無線モジュールが搭載された無線機器は日本電波法に規定されている機器認定を受ける必要があります。この機器認定は「技術基準適合証明」と「工事設計認証」の2つに分かれており、この2つの認定取得を総称して「技適取得」と呼ぶこともあります。

技適マークと技適番号

技適マークとは、電波法で定められている技術基準に適合している無線機であることを証明するためのマークであり、無線機に貼付する必要があります。また、技適を取得した際には固有番号である「技適番号」が付与されるので、技適マークと一緒に表示します。一般的に多くの場合、技適マークと技適番号は無線機の型式名称や製造者が記載された銘板の中に表示されています。

技適取得機器の検索方法は？

総務省は技適を取得した機器の検索サイトを用意しています。「技適番号」を入力することで、技適取得の有無を確認することができます。

技適マークの表示義務は？

技適マークの表示義務について、関東総合通信局に直接問い合わせをして確認したことがあります。そのとき得られた回答は下記のとおりです。

「表示義務はあります。無線機が製品内に組み込まれており外観として見えない場合は筐体に無線機と同じ技適マークおよび技適番号を、印字またはシール等で表示する必要があります。また、もし筐体の意匠性を損なう場合はパッケージや取扱説明書などに無線機と同じ技適マークおよび技適番号を表示する必要があります。」

技適がないとどうなる？

技適なしの無線機は「違法になる」恐れがあり、最悪、電波法違反で検挙されてしまいます。数年前に報道された実例として、某A社の一般消費者向け小型端末において、電波法に規定されている技術基準に適合していないこと（技適不適合）が発覚しました。A社は総務省から厳重注意を受け、必要な措置を講ずるよう要請を受けたそうです。

「技術基準適合証明」と「工事設計認証」の違い

前述の通り、日本電波法には「技術基準適合証明」と「工事設計認証」の2種類の機器認定が存在し、それぞれ対象や試験にて証明する数量などが異なります。どちらの方法で認定を受けても効果は同じであり、どちらも日本電波法に準拠したことになります。

▶技術基準適合証明と工事設計認証の違い

	対象	試験数量
技術基準適合証明	試作機や小規模生産量	全数
工事設計認証	量産	抜き取り

技術基準適合証明

主に生産台数が少ない製品（プロトタイプや試験用の製品等）に対しての認証となり、個体（機器）そのものに対し適合性が証明されます。基本は全数試験となり、1台毎に固有の認証番号が貼付されますが、申請対象となる機器が2台以上ある場合は一部の機器を対象に抜き取りで試験が行われることもあります。

工事設計認証

主に量産用製品を対象とした認証となり、無線設備を生産するにあたってその設計に対し認証されます。試験は抜き取りで1台に対して行われ、同一の認証番号が付与されます。技術基準適合証明と比較し、生産工場の品質管理体制の情報も必要になるため、ISO9001の提出または認証機関が用意するフォーマットを準備する必要があります。

》》日本には技適取得を省略できる特例がある

以上のように、日本で無線機を使用するためには技適の認定が不可欠ですが、技適（または工事設計認証）取得済み無線モジュールを最終製品に組み込んだ場合には、特例措置による技適取得の省略が可能になります。つまり、技適取得済み無線モジュールを組み込めば、最終製品で技適を取得する必要がありません。これがBluetoothモジュール選びの大きなポイントの1つです。

技適を取得するのは大変

もし自社で技適を取得しようとすると結構大変です。技適を取得するにあたり、自社で用意しなくてはならないものが大きく2つあります。1つは無線試験用のサンプル、もう1つは各種提出書類です。

① 無線試験用のサンプル

技適の審査では該当機器の無線試験を行います。よって技適を取得するためには該当機器の試験用サンプルを準備しなくてはなりません。無線試験では試験対象となる無線機器と測定機（検査機）を同軸ケーブルで接続するため、同軸ケーブルを取り付けられるように該当機器の改造が必要になる場合もあります。

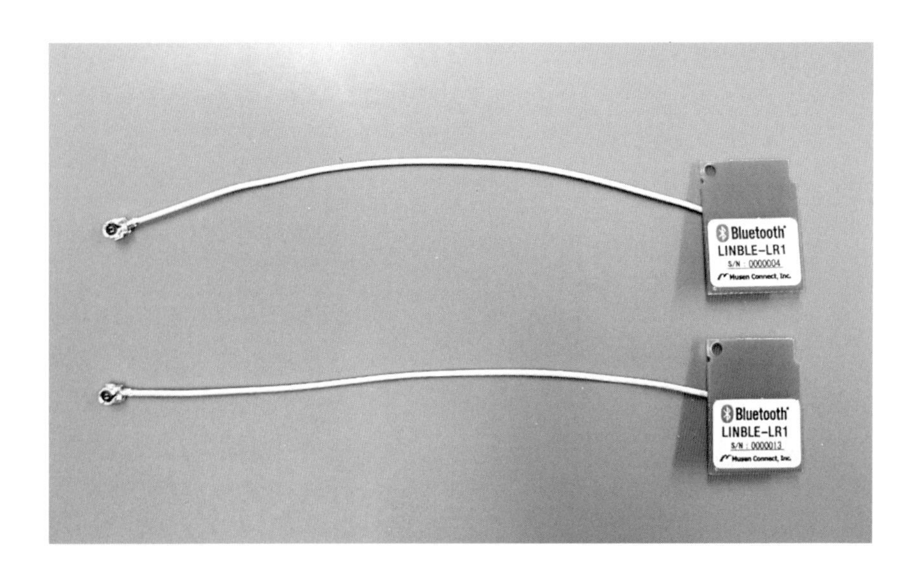

また、認証機関が試験を実施するにあたり、対象機器の電波を意図的に発信できるようにする必要があります。そのため、対象機器のテスト用ファームウェアを用意したり、電波発信を操作できるテスト用アプリの準備が必要です。

② 各種提出書類

以前、ムセンコネクトが技術基準適合証明を取得した際に認証機関へ提出した書類等は全部で12種類です。

1. 技術基準適合証明申込書
2. 工事設計書
3. 製品仕様書
4. ブロック図
5. 部品配置図
6. RF部の構造説明資料
7. アンテナ資料
8. ラベル図・ラベル配置図
9. 外形図
10. 製品外部写真
11. 製品内部写真
12. 申込機器全数分の写真

技適を取得するにはこれらのサンプルや書類提出が必要になります。自社開発品であれば比較的用意しやすいですが、他社に開発を依頼した場合や市販品メーカーからこれらの書類を入手するのは大変です。

海外電波法への対応

無線技術を搭載した製品を海外へ輸出する際は「無線局」としての位置づけになるため、Bluetooth機器を輸出したい国の法律基準に適合することが必須となります。前述した「運転免許証」の例のように、輸出国それぞれの電波法の認可（海外認証）を取得しなければなりません。これを取得していない場合は電波法違反となり、罰則の対象となる恐れがあります。なお、日本の電波法と同じように各国それぞれで出力可能な電波強度の上限や使用できる周波数などが定められているため、取得費用や取得期間も国によってさまざまです。

技適のような「エンジニアにとってカンタンなルール」は稀

日本電波法には前述したような「特例」があるため、「各国の電波法を取得した無線モジュールを組み込めば、最終製品での再取得を回避できる」と考えてしまいがちですが､そのような特例を設けている国は多くありません。多くの国々は｢無線試験は省略できても、登録申請は必要」であったり、最終製品で何かしらの手続きが必要です。また、技適は一度取得してしまえば無期限で有効となりますが、海外の電波法の中には有効期限が定められていて都度更新手続きが必要なルールもあります。実は技適のような「カンタンなルール」の方が稀なのです。

輸出のためには電波法以外のルール対応が必要な場合もある

たとえば、代表的な欧州のCEマーキングは電波法ではなく安全基準を定めたルールです。その安全基準の中でさらに電波に関するルールが定められているため、「電波法」だけを調べようとすると必要な手続きを見落とすリスクが発生します。また、電波法や安全基準などの各種ルールは適宜更新や変更が発生するため、常に最新の情報確認が必要になります。

Bluetooth認証とは？

自社でBluetooth機器を開発し、販売したいメーカーが行うべきBluetooth認証プロセスの基本的な流れは、以下の通りです。

① Bluetooth SIGにメンバー登録申請

② 認証機関に認証テストを依頼し、QDID（Qualified Design ID）を取得

③ Declaration IDを購入

④ 製品登録を行う

これが基本となる手続きの流れです。

必要な手続きは「メンバー登録」「認証テスト」「Declaration ID購入」「製品登録」の4つ

Bluetooth技術を使うためにはBluetooth SIGメンバーへの加入が必要

自社製品にBluetooth技術を利用するためには、Bluetooth SIGに加入する必

要があります。これをメンバー登録といいます。

Bluetooth SIGには「プロモーター（Promoter）」「アソシエート（Associate）」「アダプター（Adopter）」という3段階のメンバーシップがあります。基本的にはアダプターメンバーになればOKです。アダプターメンバーの場合、初期登録料、年会費ともに無料です。

Bluetooth SIGに加入しているメンバーはBluetooth SIGのウェブサイトで検索が可能です。

認証テスト

Bluetooth機器がBluetooth規格の要件を満たしていることを認定してもらうためには、認証機関での無線試験やドキュメント提出が必要です。

認証テストはBluetooth SIGから許認可を得ている限られた認証機関（Bluetooth Qualification Test Facility、通称BQTF）でなければ受けることができません。2024年2月現在、日本国内で認定を受けているのは4社のみです。

- アリオン株式会社
- テュフ ラインランド ジャパン株式会社
- ビューローベリタスジャパン株式会社
- 株式会社UL Japan

（五十音順）

QDID（Qualified Design IDs）

認証テストに合格するとQDIDが付与されます。QDIDはBluetooth機器がBluetooth認証テストに合格したという証になるものです。

Bluetooth SIGではBluetooth技術自体のことを「設計（Design）」と定義しています。「認証プロセスに合格した設計」に対する識別番号なので、Qualified Design IDs（略してQDID）という名称になっています。

Declaration ID

Bluetooth認証プロセスは、自社のBluetooth機器をBluetooth SIGに

「Declaration（申告）」して製品登録を行います。その製品登録時に必要になる識別番号がDeclaration IDです。「申告ID」や「DID」とも呼ばれます。

QDIDと非常に混同しやすい専門用語ですが、QDIDは設計に対する識別番号、Declaration IDは製品登録を識別する番号です。

Declaration IDはBluetooth SIGのウェブサイトで購入します。購入費用はアダプターメンバーの場合で$11,040 USDです（2024年2月時点）。

製品登録（Product Listing）

Bluetooth機能が搭載された最終製品を自社ブランドの商品として販売するためには製品登録が必要です。製品登録では製品名などの製品情報に加え、その機器がBluetooth規格の要件を満たしていることを証明するため、認証テストで取得したQDIDと購入したDeclaration IDを紐付ける必要があります。

以上のように繰り返しになりますが、

①メンバー登録→②認証テスト→③Declaration ID購入→④製品登録

これが基本的なBluetooth認証プロセスの流れです。製品登録が完了すれば、晴れて自社製品を「Bluetooth機器」として販売することができるようになります。

製品登録のもう1つのやり方（試験不要の認証プロセス）

ここまでBluetooth認証プロセスの基本的な流れを解説してきましたが、実は製品登録にはもう1つのやり方があります。それはBluetooth認証済みモジュールを自社製品に組み込むことで、認証テストを省いて製品登録を行うという方法です（試験不要の認証プロセス、No Required Testingともいう）。自社で認証テスト（QDID取得）を行うのではなく、Bluetoothモジュールメーカーが取得したQDIDを参照する形でも製品登録が可能です。

- 認証済みBluetoothモジュールが認証テストに合格しているので、最終製品での認証テストを省くことができます（Bluetoothモジュールに変更を加えないこと、かつ、後述するProduct Typeの種類が条件）

- 認証テストは省くことができますが、Declaration IDの購入と製品登録は必要です
- Declaration IDの取得費用は変わらず$11,040 USDです（アダプターメンバーの場合：2024年2月時点）
- 参照するQDIDとともに、取得したDeclaration IDを付与すれば製品登録が可能となります

認証テストの有無は使用するBluetoothモジュールのProduct Typeによって変わる

認証済みのBluetoothモジュールを組み込んだからといって、必ず「試験不要の認証プロセス」を適用できるわけではありません。参照するQDID（Bluetoothモジュール）のProduct Typeが「End Product」であれば最終製品での認証テストを省略できますが、「Component」の場合は「End Product」としての要件を満たすように複数のQDIDを組み合わせたり、機能として足りない部分の認証テストが必要になる場合があります。

Product Typeの詳細は第3章で解説しています。

製品登録のユースケース

製品登録のユースケースをご紹介します。自社製品がどのケースに該当するか、その場合にどのような手続きを行えば良いのか、参考にしてください。

ケース①：最終製品メーカーX社がBluetoothモジュールA（QDID：aaaaaa、Product Type：End Product）を組み込んで、製品X-1を開発、販売する場合

製品登録のために「Declaration ID：xxxxxx」を取得します。「Declaration ID：xxxxxx」と「QDID：aaaaaa」を付与し、製品X-1を製品登録します。

ケース②：最終製品メーカーX社が同じくBluetoothモジュールA（QDID：aaaaaa）を組み込んで、製品X-2を開発、販売する場合

参照する「QDID：aaaaaa」が変わらないので、製品X-1登録時に取得した「Declaration ID：xxxxxx」を使って、製品X-2を追加登録することが可能です。

- 製品X-2の製品登録手続きは必要だが、新たにDeclaration IDの追加購入は不要という意味
- 参照するQDIDが同じであれば、追加登録する製品はX-1とはまったくジャンルの異なる製品Y-1でもOK（X-1の派生品じゃなくても良い）

QDIDが変わらなければ最終製品をどれだけ追加してもDeclaration IDの追加購入は不要です。

ケース③：最終製品メーカーX社が製品登録済み製品X-1に内蔵するBluetoothモジュールをモジュールAからモジュールB（QDID：bbbbbb、Product Type：End Product）に変更して販売する場合

X社とすればケース①で製品登録済みのX-1でも、組み込むBluetoothモジュール（参照するQDID）が変わった場合、Declaration IDの再取得と再登録が必要です。

新たに「Declaration ID：yyyyyy」を取得し、「QDID：bbbbbb」とともに製品X-1を製品登録します。最終製品が同じでも、Bluetoothモジュールの販売終了等によって使用するBluetoothモジュール（参照するQDID）が変わってしまうとDeclaration IDの再取得が必要となります。

ケース④：メーカーX社の製品X-1を代理店Z社が再販する場合

Z社がZ社ブランドの商品として扱うのではなく「X社の製品X-1」として再販する場合（単なる転売）、Z社は製品登録が不要です。

例）Apple社の「iPhone」を家電量販店が販売する際、家電量販店は製品登録不要。

ケース⑤：メーカーX社の製品X-1を、Z社が自社ブランドの製品Z-1として販売する場合

X社がZ社にOEM供給する形。市場から見れば製品Z-1はZ社の商品ですのでZ社がBluetooth SIGのメンバーとなって製品Z-1の製品登録を行う必要があります。

Z社は「Declaration ID：zzzzzz」を取得し、「QDID：aaaaaa、Product Type：End Product」とともに製品Z-1を製品登録します（ケース①の派生）。

ケース⑥：最終製品メーカーX社の製品X-3に、異なる2種類のBluetoothモジュールC（QDID：cccccc、Product Type：End Product）とモジュールD（QDID：dddddd、Product Type：End Product）を組み込んで開発、販売する場合

QDIDが異なる2種類のBluetoothモジュールを組み込む場合、Declaration IDも2つ必要になります。X社は「Declaration ID：αααααα」と「Declaration ID：ββββββ」を取得し、「QDID：cccccc、Product Type：End Product」と「QDID：dddddd、Product Type：End Product」に紐付けて製品X-3を登録します。（ケース①の派生）。

≫ Bluetoothバージョンの非推奨・廃止スケジュール

Bluetoothは1999年にバージョン1.0が登場して以降、常にバージョンアップを繰り返し、2024年時点ではバージョン5.4まで策定（採用とも呼ばれる）されています。

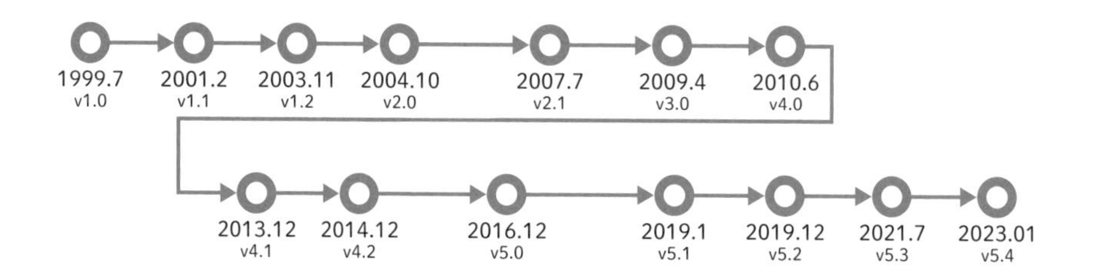

このBluetoothバージョンには「非推奨・廃止」というルールがあり、各バージョンには「非推奨日」と「廃止日」が設定されています。

※2023/12時点

	'23	'24	'25	"26	'27	'28	'29	'30	'31	'32	'33	'34	'35	'36	'37	'38
v4.1	2/1															
v4.2						非推奨			2/1							
v5.0							非推奨			2/1						
v5.1									非推奨			2/1				
v5.2										非推奨			2/1			
v5.3												非推奨			2/1	
v5.4													非推奨			2/1

○:採用可　△:非推奨

設定された期日を過ぎると該当バージョンは「非推奨」「廃止」となり、製品登録に以下のような制限が加わります。

製品への制約	非推奨	廃止
試験をともなう新規製品登録	不可	不可
試験不要な新規製品登録	可	不可
登録済み製品への追加登録	可	不可
登録済み製品の販売	可	可

Bluetooth機器に「廃止」の「設計仕様（Bluetoothモジュール自体やプロファイルなど）」が含まれている場合、試験の有無にかかわらず新規製品登録を行うことはできません。また、登録済み製品への追加登録もできません。

Bluetooth機器に「非推奨」の「設計仕様」が含まれている場合、「試験をともなう新規製品登録」はできませんが、「試験を省ける新規製品登録（試験不要の認証プロセス。前述のユースケース①のパターン）」であれば登録可能です。また、登録済み製品への追加登録も可能です（ユースケース②のパターン）。

なお、Bluetooth機器に非推奨、廃止の設計仕様が含まれていたとしても、登録済みの製品を販売し続けることは問題ありません。

Column

ケーススタディで学ぶ「Bluetooth認証、後から取得できますか？」

以前、Bluetooth認証について相談をいただいたT社は次のような問題を抱えていました。

T社では5年以上前から自社ブランド製品としてBluetooth機器を販売していましたが、Bluetooth認証は未取得の状態でした。最近になってBluetooth認証取得の必要性に気づいたため今からでも取得したいという相談でしたが、以下のようなことを懸念されていました。

- そもそも今からでもBluetooth認証が取得できるのか？
- もしBluetooth認証が取得できた場合でも、未取得で販売していた期間に対して何らかのペナルティはあるのか？ペナルティを回避する方法はあるのか？

状況を把握するためヒアリングを進めていくと、新たな問題も発覚しました。T社のBluetooth機器に組み込まれていたのは、当時すでに「廃止」となっていた古いバージョンのBluetoothモジュールであったため、そもそも製品登録ができない状況だったのです。

以上のような状況を踏まえ、依頼を受けたムセンコネクトが以下の2点をBluetooth SIGに確認しました。

- Bluetooth認証未取得の状態でBluetooth製品を販売していた場合、今からでも製品登録を行えば問題ないのか？ペナルティはないのか？
- 製品登録したいBluetoothデバイスがすでに「廃止」となっている古いバージョンだった場合はどうすれば良いのか？

Bluetooth SIGから得られた回答は以下のようなものでした。

- 今からでも製品登録すれば、認証取得前に販売していたことに対する制裁を回避できる
- 「廃止」されている古いバージョンでは製品登録ができないため、製品登録可能なバージョンの Bluetooth モジュールに置き換えて製品登録すれば問題ない

この回答を受け、すぐにT社は設計変更をして内蔵していたBluetoothモジュールを変更し、後日、製品登録を行って事なきを得ました。

2-3 抑えておくべき無線通信機器のセキュリティ対策

著者はスマートロックの協業ビジネスを立ち上げ、その責任者としてスマートロックの開発や事業展開を経験しています。スマートロックといえば高度なセキュリティが要求されるIoTデバイスというイメージがあると思いますが、スマートロックビジネスを展開する過程では、実際にセキュリティの問題や課題に直面し、頭を悩ませたことがありました。

セキュリティ対策は「ビジネスを終わらせないために必要なもの」

まずその前に、「セキュリティ対策」と聞くと

「大したデータを送っていないから」
「傍受されて困るデータじゃないから」

こういう理由で暗号化は必要ないと考えるエンジニアもいるかもしれません。実際そういった声があるのも事実ですが、本当に怖いのは通信データを傍受されることだけではありません。仮に自社製品のセキュリティ対策をまったく考えず、平文で無線通信を行うとします。するとスニッファなどのツールを使えば比較的容易にBluetooth通信が傍受できてしまいますので、自社製品が平文で通信していることも容易に知られてしまいます。

するとどうなるか？

本当に怖いのはデータの中身を傍受されることよりも、「◯◯社の製品はセキュリティ対策をまったくできていない」とか、「◯◯社はセキュリティ対策をまったく行わないメーカー」とみなされてしまうことがリスクであり、そういったレッテルを貼られてしまうことにより、ビジネスを継続できなくなってしまうことが大きなリスクなのです。

実例を挙げます。スマートロックを採用していただいた一部上場企業のA社は、

セキュリティ対策の中身はもちろんのこと、「しっかりセキュリティ対策をしている事実」を重視していました。一部上場企業ともなればユーザー数は多く、SNSやネットの掲示板等ではネガティブなコメントも散見されます。もし「A社は碌なセキュリティ対策をしていない」と書き込まれ、セキュリティ対策をしていない製品が出回っているとの風評被害が広まれば全品回収は避けられないでしょうし、回収コスト、対策コスト、懸念されるリスクを考慮して、最悪ビジネスから撤退せざるを得ない事態にまで発展することを恐れていました。また、その規模の会社であれば当然ビジネス上のライバルも多く、競争も熾烈です。中には競争相手を陥れるために悪意を持って使用したり、リバースエンジニアリングすることも予想されるため、「普通に使われる分には問題ない」が通用しないのです。

ここでポイントなのが、「セキュリティ対策をしている」という事実が重要であり、セキュリティ対策の中身についてはまた別の話ということです。高いセキュリティ強度であるに越したことはありませんが、中身まで説明を求められることは稀ですし、セキュリティ対策は機密事項ですので安易に公開すべきでもありません。

セキュリティの仕組みはさておき、とにかく対策をしておくことで、潜在的な大きなリスクを排除できることを知っておきましょう。

セキュリティ対策の必要性についてお伝えしたところで、次はセキュリティ対策の考え方についてお話しします。経験から学んだセキュリティ対策のセオリーは大きく3つあります。順を追ってご紹介します。

≫ セオリー① Bluetooth通信の暗号化、接続認証はBluetoothの基本機能を用いず、上位アプリケーションで行うべき

まず1つ目。Bluetoothには基本機能として暗号化機能や接続認証機能が用意されていますが、これらは使わず、上位アプリケーションで独自の対策を行うべきです。ここでいう上位アプリケーションとは、自社機器のマイコンプログラムであったり、通信相手となるスマートフォンアプリを指します。これが最も重要

であり、セキュリティ対策の基本中の基本です。Bluetoothの暗号化機能を使うべきではない一番の理由は、Bluetoothに脆弱性が見つかったとき、Bluetoothの暗号化機能だけに頼り切ってしまっていると完全にノーガードの状態に晒されてしまうからです。

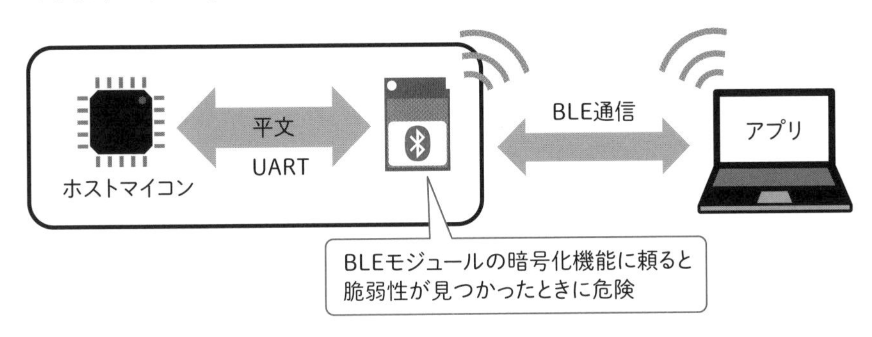

Bluetoothはこれまでにも脆弱性が発見されたことがありました。自社製品は直接狙われていなくても、Bluetoothが「突破」されてしまう可能性は十分あり得ます。Windows OSや無線LANのように普及が進み、対象となる機器が増えれば増えるほどハッカーから狙われる可能性は高まりますので、これだけ搭載台数が増えたBluetoothも例外ではないでしょう。万が一Bluetoothに脆弱性が見つかった場合でも自社製品への影響を回避するため、上位アプリケーションで独自の暗号化をかけ、暗号化されたデータを無線で送るようにしましょう(受け取ったデータは上位アプリケーションで復号する)。

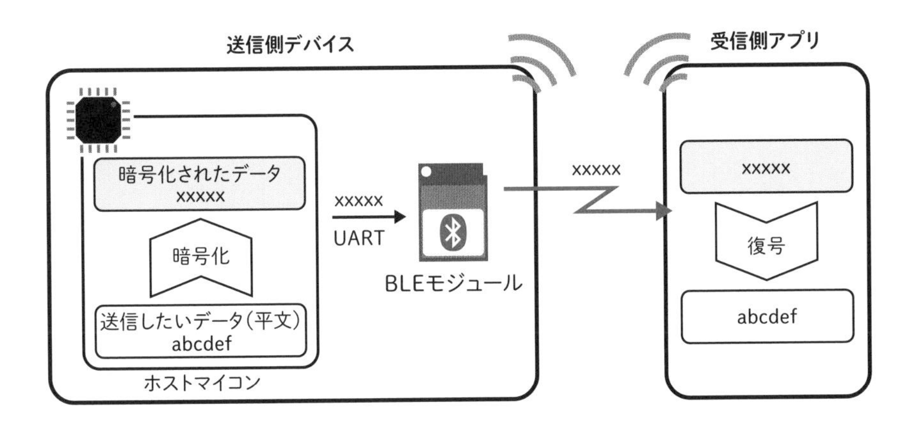

ペアリングなどのBluetooth標準機能も極力使わない方が良い

また、Bluetoothの暗号化機能を利用したいがためにペアリング機能を使うのはやめましょう。前述した理由に加え、ペアリングなどの「Bluetoothに備わっている標準機能」を使ってしまったことで、それに起因した不具合が発生してしまうことを避けるためです。

実例を挙げます。今から数年前のことになりますが、あるIoTデバイスとAndroidスマートフォン間の接続不良が頻発してしまい、一般ユーザーからのクレームが殺到してしまったメーカーＢ社から原因調査を依頼されたことがありました。弊社にて解析を行うと、Bluetoothのペアリング機能が接続不良の原因であることがわかりました（注：メーカーＢ社が採用していた他社製Bluetoothモジュールと Android OSとの相性の問題でした）。ペアリング機能を使わなければ解決することがわかりましたが、そのメーカーＢ社は「暗号化のためにペアリング機能を用いていた」ため、セキュリティ対策（暗号化）の見直しを余儀なくされました。

このように、Bluetoothに備わっている標準機能を流用すると、OS間の相性問題や不具合、脆弱性の影響を受けてしまう恐れがあるため、極力「自前」で対応したほうが安心です。

Bluetoothは「接続されてしまうもの」として、接続された上で通信して良いデバイスかどうか判断すべき

不特定多数の相手から接続できてはいけない機器の場合、「接続認証」を行う必要がありますが、これもBluetoothの標準機能は使わず上位アプリケーションで実装すべきです。

Bluetoothは基本１対１の関係で接続、通信します。片方の機器が相手から接続されるのを待つことになりますが（接続待ち）、待ち受けている状態は周囲のBluetooth機器（スマートフォンやPCなど）であれば誰でも見つけることができますので、いつでも不特定多数からの接続要求が起こり得ると考えるのが無難です。悪戯かもしれませんし、操作ミスかもしれませんし、悪意を持っての接続要求かもしれませんが、意図せず見知らぬ相手から接続されてしまうことは起こり得ます。

このとき、「接続された相手が万が一意図した相手でない場合はこちらから切断する」という処理を入れておくと安心です。

たとえば、接続されたら接続してきた相手に対してコマンドを投げ、意図したレスポンスが返ってこなければ「切断すべき相手」とみなして自分から切断します。接続後のやり取りは基本自社しか知らないはずですので、決められた通りに処理が進めば自社製品、そうでなければ切断すべき相手と判断できます。結局、この「決められたやり取り」が暗号・復号処理に置き換えられるので、「上位アプリケーションで暗号化することが、接続認証対策にもなる」わけです。

セオリー② セキュリティの壁は二重三重で強化。壁の枚数は第三者に知られてはならない

セオリーの2つ目は「セキュリティ対策の壁は二重、三重で強化する。多ければ多い方が良い」さらに「壁の枚数は第三者に知られてはならない」です。

スマートロックの試作段階ではプロの脆弱性診断を受けたことがありました。セキュリティのプロともなれば、どういうセキュリティ対策をしているか、ある程度経験則でもわかってしまうようです。ただ、「ここまでは突破できたけど、ここから先はもっと時間をかけないと無理だった」とか「たぶんこういうセキュリティをかけてると予想できるけど、対策全体までは把握できなかった」という感じで、やはりセキュリティ対策の壁が多ければ多いほど全部を突破するのは難しいようでした。つまり、セキュリティの壁を一枚突破されてしまったとしても、二枚三枚と壁を設けて強化すれば完全突破を免れる可能性は高まります。

そしてもう1つ大事なのは、セキュリティの壁を幾重に重ねたとしても、その数を第三者に知られてはいけません。壁の枚数を知られることは、ハッカーに大きなヒントを与えるようなものです。

「セキュリティの壁を突破したけどまだ壁があった。もう一枚突破したけどさらに壁があった。」
「セキュリティの壁を何枚突破すれば良いかわからない」

こういう状況がハッキングをより難解にさせ、ハッカーの戦意を喪失させます。以前、住宅防犯のプロに話を聞いたことがありますが、犯罪者の多くは「すぐにこじ開けられない扉（鍵）はすぐに諦める」ため、1つ1つは単純な仕組みの鍵でも、いくつも設置して「時間をかけさせる」のが効果的なのだそうです。

セオリー③ 最後の砦はオフラインの壁（物理的な障壁）

セオリーの3つ目はアナログな方法ですが、最後の最後に頼りになるのはオフラインの壁です（物理的な障壁）。

どういうことかと言うと、たとえば

- 接続認証に必要な固有IDやシリアル番号は、筐体に貼られているラベルを目視しなくては知ることができない
- 筐体の物理スイッチで無線通信をOFFにできる
- Bluetoothの電波出力を最小に制限しているため、物理的に極近距離まで近づかないと無線電波を傍受できない

というように、遠隔（オンライン）からではどうにも突破できない障壁を設けます。一番避けなくてはならない事態は、セキュリティを突破されたことによって市場に出荷したすべての製品が悪用される対象となってしまうことです。遠隔からでも対象機器をハッキングできてしまうとなれば、それこそ全数回収は避けられません。

ですが、オフラインの壁を作っておけば、最悪下記のような説明ができます。

- 筐体のIDを目視できるのは操作する人のみで、離れた場所にいる第三者が知ることはできません
- 筐体の物理スイッチで無線通信をOFFにしてしまえば遠隔からハッキングすることは不可能です
- Bluetoothの電波を傍受するためには物理的に2～3mの距離まで近づかなければならないので、隠れたところから電波を傍受することはほぼ不可能です

スマートロック事業での体験からいえば、ユーザーやお客さまからセキュリティ対策について問われた際、こういった説明ができるか否かでお客さまへの納得してもらいやすさが雲泥の差ほど変わります。

以上が実際に体験して得たセキュリティ対策の考え方です。なお、具体的なセキュリティ対策方法については下記理由により、本書では触れません。

- セキュリティ対策は「どんな対策をしているかまったくわからない」ことが重要であるため、少しでも攻撃側のヒントになるような記述は避けたい
- セキュリティ対策は「無線通信だけではなく、システム全体や運用まで考慮すべき」であり、中途半端に「無線通信の暗号化例」だけを挙げて安易に「これをやれば良い」と誤解されることを避けたい
- 多くの機器が採用しているセキュリティ対策ほど狙われやすくなるため、セキュリティ対策の代表例を挙げ、それが多くの機器で採用されることは望ましくない。セキュリティの観点でいえば、誰も採用していない対策法ほど攻撃の対象となりにくい

暗号やセキュリティの基礎については、情報処理技術者試験（ITパスポート、基本情報、応用情報など）を通じて学ぶのもよいですし、セキュリティ技術は日々退化と進化を繰り返していますので、必要となったタイミングで最新のセキュリティ技術をウェブ検索するのも良いと思います。また、前述したような「セキュリティ対策のプロフェッショナル」に相談するのも有効です。

セキュリティ強化と利便性のバランスを取るのが難しい

認証方法はユーザーの操作や運用方法にも影響します。一般的にセキュリティ強化と利便性は反比例の関係にありますので、セキュリティのために面倒な操作が増えれば増えるほどユーザーから不満の声が挙がってしまうかもしれません。また、たとえば暗号の強度を高めれば高めるほど演算処理に時間がかかるため、自社製品の操作レスポンスが悪くなってしまうことがあります。これも使い勝手の悪さにつながりますので、一概にセキュリティ強度を高めれば高めるほど良い

とは限りません。

　このセキュリティ強化と利便性のバランスを取るのが非常に難しいのですが、バランスの取り方は対象となる製品・サービスのジャンルや価格帯によっても変わってくると思います。

本体ファームウェアアップデートできると安心な一方、新たな懸念も

「セキュリティ強化と利便性のバランス」でいうと、製品本体のファームウェアアップデート機能を設けるか否かも議論の余地があります。セキュリティ対策はイタチごっこであり、どこまで対策しても「完璧」と言い切ることはできません。よって万が一セキュリティが破られてしまったときの保険として製品本体のファームウェアアップデート機能を設けておくとメーカーとしては少し安心です。ただし、そのアップデートできる仕組みを組み込むことによって、それ自体がセキュリティホールになる可能性も秘めており、アップデートのために設けた外部I/F（USBコネクタやOTA（Over The Air）用のBluetooth通信など）のハッキング対策も追加する必要が出てきます。

　このように、セキュリティ対策の内容によって製品仕様も自ずと決まってくる部分があるため、製品コンセプトを企画・検討する早い段階からセキュリティ対策の方針も固めておくべきです。

第3章

Bluetoothモジュール選びのポイント

3-1 モジュールは選択肢が多く、その分モジュール選びに失敗しやすい

組み込み用Bluetoothモジュールには種類があります。今から遡ること20年ほど前はまだまだBluetoothを扱うメーカー自体が少なく、さらに大口案件でなければ販売すらしてもらえないような時代でしたので、エンジニアが入手できるBluetoothモジュールの種類は非常に限られていました。それがいま現在では技術進歩やメーカーを取り巻く環境が変化したことによって、メーカーの数も、Bluetoothモジュールのラインナップも増え、良くも悪くもエンジニアの選択肢は増えました。

良くも悪くもというのは、選択肢が増えたことはエンジニアにとって喜ばしいことですが、一方でラインナップに「上級者向けのモジュール」が入ってきてしまったことによって、エンジニアがモジュールを使いこなせず、結果として選択ミスになってしまうケースが出てきました。実際、モジュールの特徴をよく理解せずに選択してしまったエンジニアから、トラブル解決のご相談をいただくこともあります（ムセンコネクト以外のモジュールを選択したものの、解決できずにわたしたちに相談が来たパターン）。

3章ではBluetoothモジュールの選定時に考慮すべき点を解説していきます。メリットばかりと思い込んで採用したBluetoothモジュールでも、見落としがちなデメリットを把握せずに選択してしまったため、後々トラブルになってしまうケースも少なくありません。各Bluetoothモジュールのメリットとデメリットをしっかり理解し、失敗しないモジュール選定の参考にしてください。

3-2 コンプリートモジュールとブランクモジュールの違い

Bluetooth無線というのは「Bluetooth ICやアンテナなどのハードウェア部分」と「プロトコルスタックやファームウェアなどのソフトウェア部分」、この2つが1つになってはじめてBluetooth機能を実現します。たとえば、ムセンコネクトのBLEモジュール「LINBLE（リンブル）」はハードとソフトの両方を搭載し、マイコンとUART接続するだけですぐにBluetooth通信を実現することができます。Bluetoothに必要な要素をすべて満たしているという意味で、ムセンコネクトではこれを「コンプリートBluetoothモジュール」と呼んでいます。

≫ コンプリートモジュールは知識と経験がまったくなくても無線化できる

コンプリートBluetoothモジュールとは、たとえていうなら「専門的なカレースパイスの知識がなくても、誰でもカンタンに美味しいカレーが作れるカレールーのようなもの」です。本来、美味しいカレーを作るためには何種類ものスパイスを用意し、分量を測り、専門的なカレースパイスの知識がなければ美味しいカレーを作ることはできません（これが従来の無線機器開発でした）。そこで登場したのがカレールー（コンプリートBluetoothモジュール）です。知識、経験ともに豊富なメーカーエンジニアでも「無線を扱った経験はない」「自社製品を無線化しろと命じられても何から手をつけていいかわからない」という方は少なくないようです。メーカーエンジニアを料理人にたとえると、和洋中、イタリアン、フレンチなど、人それぞれ得意なジャンルはバラバラです。そのジャンルではベテランの域に達するような料理人だとしても、それまで作ったことのないカレーをいきなり作れと命じられたらちょっと戸惑うと思います（エンジニアもハード、ソフト、組込み、ウェブ、サーバー系などジャンルは多種多様）。カレーはスパイスを組み合わせて作る、それくらいの知識はあったとしても、どんなスパイスをどんな組み合わせで、どんな分量で配合すれば良いのか、それを会得するのは容易ではないでしょう。「料理の経験はある、だけどカレーは作ったことがない」という料理人でも、材料を切って、お鍋で煮て、そこにルーを入れるだけで誰でもカンタンに美味しいカレーを作れるのがカレールーであり、同様に無線を扱ったことがないメーカーエンジニアでもカンタンに無線化できるのがコンプリートBluetoothモジュールというわけです。

一般的にBluetoothモジュールと聞くと、このコンプリートBluetoothモジュールを想像されるエンジニアが多いのではないかと思いますが、中にはソフトウェアが載っていない、つまりハードウェアのみのBluetoothモジュールも存在します。これを世間ではブランクモジュールと呼びます。

ブランクモジュールのメリット・デメリット

ブランクモジュールはソフトウェアが載っていませんので、購入したそのままの状態では動きません。プロトコルスタックやファームウェアを自作し、自らの手でモジュールにソフトウェアを書き込むことによって、はじめてBluetooth通信を行えるようになります。裏を返せば、システムの要件に合わせてソフトウェアを自由にカスタマイズすることができ、オリジナルのBluetoothモジュールを作りこめるのが最大の特長です。

ブランクモジュールのメリットは以下の通りです。

外部マイコンが不要

コンプリートBluetoothモジュールの場合、上位アプリケーションが搭載されている外部マイコンからBluetoothモジュールをコントロールすることになりますが、ブランクモジュールには上位アプリケーション自体を載せることができるため外部マイコンが不要になります。マイコンが要らなくなれば、マイコンがなくなったスペース分、デバイスサイズを小さくすることができます。さらにマイコン単価分のコスト減も望めます。

自社の要件、仕様に合わせて自由にファームウェア、アプリケーションを開発できる

Bluetooth規格、認証上の制約はありますが、Bluetooth無線に関する挙動をある程度要件に合わせてカスタマイズすることが可能です。

見かけ上のモジュール単価が安い

Bluetoothモジュールメーカーの立場からすると、ブランクモジュールはソフトウェア部のコストを削減できるため（開発コスト、検査コスト、サポートコストなど）、コンプリートモジュールに比べると「見かけ上のモジュール単価」は安くなる傾向にあります。ただし、本来モジュールメーカーが負担する各種コストをモジュールを使う側が負担することになりますので、トータルコストとしてどちらがお得かどうかはケースバイケースです。

一方、ブランクモジュールにはデメリットもあります。デメリットを把握せずにブランクモジュールを選択してしまったエンジニアの失敗例をご紹介します。

自社でファームウェア開発が必要になり、開発コストやメンテナンスコストが増える

ソフトウェア部分の開発コスト、管理コスト、メンテナンスコストがかかります。また、ソフトウェア部分で見つかった不具合に関しては自社で責任を負うことになります。

ファームウェア書込み作業は誰がやるの？　出荷時検査は？

ブランクモジュールにはファームウェアが載っていないため、モジュール1個1個に対してファームウェアの書込作業が必要になります。量産時の製造工程が1つ増えるということです。そうなると当然、動作確認の検査も必要になります。これが結構見落としがちなコストです。結果、書込作業や検査コストを加味すると、手間や責任は増えるのに期待したほどトータルコストは安くならなかったというケースが出てきます。コストダウンを目的としてブランクモジュールを選んだ場合、かなり数量が出る案件でなければコストメリットが活きず、むしろ割高

になる恐れさえあります。

ソフトウェア部分に対して、自社でBluetooth認証の無線試験が必要になる場合も

　これも良くあるトラブルです。ブランクモジュールの中にはアプリケーション層だけではなく、さらに下層のBluetoothスタック部分にまで手を加えられるものがありますが、その場合Bluetooth認証は製品登録だけでは済まず、無線試験まで必要になってしまうケースがあります。エンジニアの中にはそういったことを知らずにブランクモジュールを選んでしまい、製品登録の段になってはじめて無線試験が必要なモジュールだったことを知り､困惑される方もいました。また、無線試験は必要なくとも、複数のQDIDを組み合わせなければ製品登録できないモジュールもあります。

　ブランクモジュールを採用する前には、必ずBluetooth認証の製品登録をどのように行えば良いのか、メーカーや代理店に確認しておきましょう。

ブランクモジュールは中級者、上級者向けのBluetoothモジュール

　このように、誰でもカンタンに無線化できるコンプリートBluetoothモジュールとは異なり、ブランクモジュールは中級者、上級者向けのBluetoothモジュールと言えます。家具にたとえるなら、コンプリートモジュールは店頭に並んでいる「組み上がっている家具」です。お店で購入し、自宅に届けばすぐに使い始めることができます。

　一方、ブランクモジュールはホームセンターで材料を調達し、自ら組み上げる「DIY」のようなものです。好きなデザインにでき、痒い所に手が届くようなカスタマイズが可能な上、見かけ上のコストも安上がりです。ただし、それを実現するためにはDIYの知識やスキルが不可欠ですし、時間や手間もかかるため、材料費以外の「見えないコスト」がかかってきます。Bluetoothモジュールを選ぶ際は、コンプリートモジュール、ブランクモジュールそれぞれのメリット・デメリットをよく理解した上で、要件に合わせて使い分けるのが肝要です。

3-3 Bluetoothモジュール選定でチェックするべきポイント

技適／工事設計認証の有無

Bluetoothモジュールが技適(または工事設計認証)を取得済みであるか否かは、モジュール選びでもっとも重要なポイントの1つです。法令遵守の観点から技適への対応はマストですが、前述したように技適は特例制度があるため、Bluetoothモジュール自体が技適を取得していれば、それを組み込んだ最終製品での技適再取得は不要になります。もし技適未取得のBluetoothモジュールを採用した場合は取得費用はもとより、取得に要する労力が段違いに増えるため、相応の覚悟が必要です。

QDIDとProduct Type

メーカーがBluetooth機器を販売するためには製品登録を行わなければなりません。その製品登録の際、BluetoothモジュールのQDID情報が必要になります。事前にモジュールメーカーや代理店に確認し、必ず把握しておきましょう。

> **Column　輸入した機器が認証を取っているか気になったら**
>
> 海外のBluetooth機器を輸入検討中の方から「Bluetooth認証を取っているかわからない。怪しい」と相談されることがあります。もし「このBluetooth機器はちゃんとBluetooth認証を取っているのかな？」と疑問に思ったときは、メーカーにQDIDを確認してみましょう。

Bluetoothモジュールを選ぶ際にチェックすべき点はQDIDだけではありません。BluetoothモジュールのProduct Typeも必ず確認しましょう。Product Type

によって認証試験の有無が変わるため、認証に要する費用や工数が大きく変わってきます。

▶ **Product Typeの種類と定義**

Product Type	（分かりやすく）定義
End Product	Bluetooth設計認証を完全にサポートしたもの
Controller Subsystem	Bluetooth設計認証のうち、半分にあたるController部分をサポートしたもの
Host Subsystem	Bluetooth設計認証のうち、半分にあたるHost部分をサポートしたもの
Profile Subsystem	Bluetooth設計認証のうち、プロトコル/サービス/プロファイル部分をサポートしたもの
Component	End ProductまたはSubsystemを作るパーツとして用意されたもの

▶ **試験免除で製品登録が可能なProduct Typeの組み合わせ**

- End Product
- End Product ／ Profile Subsystem
- Controller Subsystem ／ Host Subsystem
- Controller Subsystem ／ Host Subsystem ／ Profile Subsystem

End Productの場合

Product TypeがEnd ProductのBluetoothモジュールを組み込んだ場合、モジュールがBluetooth無線に必要な要件をすべて満たしているため、改めて最終製品で無線試験を行う必要がなく、BluetoothモジュールのQDID情報だけで製品登録が完了します。

Componentの場合

一方、組み込んだBluetoothモジュールのProduct TypeがComponentだった場合は要注意です。Componentとは「部品」を意味し、Bluetoothに必要な要素の一部分だけで認証取得していることになります。一部のブランクモジュールがこれに該当します。この場合、ComponentのBluetoothモジュールを組み込んだだけではBluetoothに必要な要件を満たしていないことになりますので、他のQDIDと組み合わせなければ製品登録ができません。

さらに、Componentとして登録されているBluetoothモジュールの中には、別途、Bluetoothの無線試験や認証手続きを行わなければならないモジュールもあります。製品登録代行のご相談をいただくお客さまの中には、QDIDの組み合わせや認証手続きが必要なモジュールだと知らずにComponentモジュールを採用してしまい、困惑されてしまうエンジニアが少なからずいらっしゃいます。

Bluetoothバージョン

採用するBluetoothモジュールのバージョンにも注意しましょう。「廃止」されたバージョンのBluetoothモジュールでは製品登録が行えません。

また、対象となるバージョンの非推奨・廃止予定日を確認するだけでは不十分です。一見、新しいバージョンのBluetoothモジュールに見えても、モジュールの「中身」は古い可能性があるからです。Profile SubsystemやController Subsystemを組み合わせてQDIDを取得したBluetoothモジュールの場合、そのProfile SubsystemやController Subsystem自体のバージョンも対象となります。モジュールの中身に1つでも「廃止」のバージョンが含まれていた場合は、そのモジュールを使って製品登録を行うことができません。実際、製品登録代行にご相談いただいたお客さまの中には、このケースで製品登録ができなかった事例もありました。

モジュールの「中身」、つまり製品登録の詳細はBluetooth SIGのウェブサイトで確認できますので、必ず事前に確認するようにしましょう。

》》搭載プロファイル

Bluetoothは双方のデバイスが同じプロファイルを搭載していなければ通信することができません。双方にBLEのベースとなるGATTが搭載されていれば汎用的なデータ通信が可能です。もし音声・音楽系、医療系、入力デバイス系などのBluetooth SIG標準プロファイルを使用したい場合には、それらに対応したBluetoothモジュールを選びましょう。

》》Bluetooth標準機能の対応有無（セントラル／PHY／ペアリング／メッシュ）

Bluetoothモジュールに搭載されている「機能」には、Bluetooth SIGが用意している「標準機能」とモジュールメーカーが作成した「独自機能」があります。ただしBluetooth標準機能だからといって、すべてのBluetoothモジュールに搭載されているわけではありません。Bluetooth標準機能の中には「オプション」として搭載可否がモジュールメーカーに委ねられているものがあるからです。

たとえば「○○機能を使いたいから、バージョン5.xのモジュールがいい」とご相談いただくことがありますが、「バージョン5.xだから○○機能が使える」とは限りません。目当ての機能がある場合には、事前に「モジュールとして対応しているか否か」を確認しましょう。

セントラル

BLEには「セントラル」「ペリフェラル」と2つの役割がありますが、BLEモジュールの中には「セントラル機能」には対応しておらず、「ペリフェラルとしてのみ動作可能」なモジュールもあります。これは多くの場合、セントラル側はスマートフォンやパソコンといった「スマートデバイス」が担うことが多いため、組み込み用BLEモジュールにはセントラル機能があまり求められないのが一因です。

ムセンコネクトのBLEモジュール「LINBLE」はセントラル機能に対応していますが、接続できるペリフェラル機器側はLINBLEのみに制限しており、かつ、1対1通信しかできません。これにもちゃんと理由があります。セントラルとして不特定多数のあらゆるペリフェラルと接続させるためには、「組み込みモジュールの処理性能」では十分ではないからです。また、1対多接続も同様に、複数機器との接続管理に必要な処理性能には不十分であるため、ニーズとの兼ね合いで制限をかけています。

PHY

高速通信に必要な「2M PHY」、長距離通信に必要な「LE Coded PHY」はオプションです。これらの機能を使いたい場合はBluetoothモジュールが対応していなければなりません。

また、「機能」ではありませんが、長距離通信に不可欠な電波出力の上限もモジュールによってまちまちです(アンテナなどのハードウェア面が関係するため)。

ペアリング

Bluetooth標準のペアリング機能もオプションです。標準ペアリング機能はセキュリティレベルに応じて何種類かあり、そのすべてに対応しているモジュールもあれば、一部のみ対応しているモジュールもあります。Bluetooth標準のペアリング機能は手軽にセキュリティ対策ができるため便利である一方、相互接続性やOSの不具合に起因したトラブルの火種になりやすい部分でもあるので、採用は慎重に検討しましょう。

メッシュ

ご相談の件数はごくわずかであるものの、昔からお問い合わせが絶えないのが「無線によるメッシュ化」です。Bluetoothにもメッシュ機能の仕様が定義されていますが、標準品としてメッシュ機能を採用しているモジュールはあまり耳にしません。これは「メッシュ」というのはモジュール単体で実現するものではなく、ゲートウェイ、クラウド、アプリケーションなど、システム全体での最適化が必要であり、つまりカスタムありきの機能だからだと考えられます。

このように、Bluetooth標準機能は「カスタム対応なら可」である場合も少なくありません。

各種スペック（消費電力／通信速度／通信距離）

Bluetoothモジュールの各スペックも当然重要です。ただ、Bluetoothは「規格モノ」である以上、規格に準ずる限り他社と比べて劇的な違いは現れづらい部分といえます。

とはいえ、使い方によってはその僅かな違いがパフォーマンスに大きく影響することもありますし、やはり「軽微な誤差」とみなせるケースもあります。ここでは代表的な消費電力、通信速度、通信距離それぞれの考え方をお伝えします。

消費電力

モジュールの省電力化はメーカー各社が力を入れているため、日を追うごとに進化しています。消費電力で重要なのは、「電波を出さずに待機している状態」「一定周期で電波を発するアドバタイズ状態」「接続後に絶えずデータ通信している状態」など、モジュールの動作状態それぞれで消費電力が変わる点です。待機中はμAオーダー、データ通信中はmAオーダーと、消費する電力は動作状態によって桁違いですので、省電力化を追求すると「いかに電波を発信しない状態を増やすか」に行き着きます。つまり、モジュールのスペックを比較するよりも、モジュールの使い方を工夫したほうが省電力化の効果は現れやすいのです。実際、なかなか省電力化を実現できなかったお客さまからのご相談に対して、Bluetoothモジュールのファームウェア改良を行い、電池寿命を飛躍的に延ばせた事例もあります。

工夫をし尽くしたその上で、さらに「少しでも」消費電力を下げようと思ったらモジュールのスペック差が効いてきますが、裏を返せばどれだけ省電力を謳っているモジュールを使っても、使い方が不十分だと省電力化は望めません。

通信速度

BLEの通信速度は選択するPHYで大きく変わります。送信データが相手に届くまでのスループットは1M PHY使用時でせいぜい10kbps程度といわれていますが、2M PHYの高速通信では桁がひとつ変わるくらいのスループット向上が期待できますし、逆にLE Coded PHYの長距離通信時にはより速度が低下します。

通信速度は外的要素も大きく影響します。通信相手機器の機能やスペック次第で全体のパフォーマンスは大きく左右されますし、電波干渉や遮蔽物の影響でも通信速度は低下します。

このように通信速度のパフォーマンスはモジュールの性能以外にもさまざまな要因が影響するため、モジュールごとの性能差異は軽微なものと考えて良いでしょう。

通信距離

モジュール単体で考えた場合に通信距離にもっとも大きく影響するのが「LE Coded PHYによる長距離通信機能」に対応しているか否かです。期待する「長距離」がどれくらいかにもよりますが、とにかく遠くに飛ばしたいならLE Coded PHYはマストです。条件が良ければ200～300メートルの通信が期待できます。

通信距離には電波の最大出力とアンテナ性能も影響します。ただし、こちらは技適や海外電波法との兼ね合いがあるため、各メーカーは法律の範囲内で最適化を行わなければならず、差異は出しづらい部分です。

それ以上に通信距離も通信速度同様、外的要因の影響を受けやすいので、Bluetoothモジュールのパフォーマンスを最大限引き出す「お膳立て」が重要です。

セキュリティ対応

2章で解説した「セキュリティ対策」はシステム全体で考慮すべきですが、その対策を実現する上でモジュール選びに影響する場合があります。

システム全体で独自の暗号処理を施す場合、セキュリティ強度を上げようとすればするほど暗号・復号の処理が「重く」なってしまいます。このためモジュールの処理性能が貧弱だと演算処理に時間を要してしまい、結果、自社製品（開発機器）のユーザビリティが損なわれたり、パフォーマンス低下を招いてしまいます。

BLEモジュールの中には「独自の暗号化機能」が備わっていたり、高度な演算処理に対応できるチップを積んでいるものもあるため、Bluetooth標準の暗号化機能を使うのではなくモジュール独自のセキュリティ機能に頼るのも一案です。

≫ドキュメント・開発ツール・サポート

どれだけハイスペック・多機能なBluetoothモジュールであっても使いこなせなければ意味がありません。まずはドキュメント類に目を通し、モジュールの動かし方を確認しておきましょう。開発ツールやサンプルソースコードが充実していれば、カンタンなBluetooth通信はすぐに実現できるはずです。

開発中の困ったときに備えて、サポート体制も事前に確認しておきましょう。切迫した開発スケジュールの場合、サポートからの即レスポンスはそれだけでかなり助かります。また、「日本語」で用意されているドキュメントやサポート対応も、英語があまり得意ではないエンジニアにとっては助かります。

≫コスト面

コスト面においてモジュール単価が重要なのは当然ですが、開発工数や認証費用も考慮に入れて総合的に判断されることをオススメします。

ブランクモジュールを採用する場合はファームウェアを自作する必要があるため開発費用が加算されます。Bluetooth認証取得時も試験が必要になれば試験費用が加算されます。コンプリートモジュールであればそれらのコストはかかりませんので、「トータルコスト」で考えることが重要です。経験上、製造するデバイスが少ロットになればなるほどコンプリートモジュールのほうが割安になり、製造数が数千を超えるようならブランクモジュールのコストメリットが出てきます。

≫横展開を視野に入れているならQDIDは変わらない方が良い

Bluetooth製品登録のユースケースで解説したように、BluetoothモジュールのQDIDが変わらない限り、購入済みのDeclaration IDに紐づける形で新たな製品をいくつも追加登録可能です。つまり、別途新たなBluetooth機器を開発する際も同じBluetoothモジュールを採用するようにすればBluetooth認証費用を節約できるようになります。

とくに少量多品種で横展開を予定しているのであれば、「すべて同じBluetoothモジュールを採用する」つもりで検討されると良いでしょう。

海外展開の予定は？　海外認証への対応可否

製品の海外展開を考えている場合には、Bluetoothモジュールが海外認証（電波法など）に対応可能か確認しておきましょう。

多くの国では最終製品での手続きが不可欠ですが、Bluetoothモジュール単体で海外認証を取得していた場合、そのテストレポートを流用することで最終製品での無線試験を省けることがあります。とくに北米のFCCや欧州のCEマーキングは多くの国の「基準」となっているため、FCCやCEマーキングのテストレポートがあれば他国の認証取得時でも無線試験を省ける可能性が高まります。

加えて、Bluetoothモジュールメーカーに該当モジュールでの海外認証実績を確認しておくと安心です。以前韓国の電波法取得を試みた際、モジュールのアンテナから発するノイズが韓国電波法の基準を満たせず、モジュールを設計変更しなければ絶対に電波法が取れないというトラブルを経験したことがあります。電波法というのは申請すれば必ず取得できるわけではありません（これはBluetooth認証の無線試験にもいえます）。開発を終えてから各種認証が取れないことがわかるとビジネス上の大きなトラブルに発展してしまうため、必ず「開発前に確認」するようにしましょう。

製品ライフ

電子部品のディスコン（製造終了）対応はエンジニアがもっとも頭を悩ませる難題のひとつだと思います。あらかじめ開発製品の製造ロット数や販売期間が決まっている場合は対応しやすいですが、「できるだけ多く」「できるだけ長く」が求められがちな産業機器の場合には、採用する電子部品にも「できるだけ長く」を期待します。

ですがBluetoothという無線規格は元々パソコンの周辺機器やイヤホンなどの「コンシューマ向け製品」から採用されはじめたこともあり、モジュールの製品サイクルも短い傾向にあります。いまでこそ産業用向けを意識したBluetoothモジュールも増えてきましたが、製品サイクルに対するスタンスはモジュールメーカーによって異なり、またメーカー内でもモジュールごとに変わります。もし長期供給を望む場合には、事前にモジュールメーカーのスタンスや、該当モジュールの製品ライフについて確認しておきましょう。

第4章

Bluetoothモジュールの基本的な使い方と実践的開発ノウハウ

第4章では組み込み用Bluetoothモジュールの一般的な使用方法や注意点などを解説します。便宜上、ムセンコネクトのコンプリートBLEモジュールLINBLE（リンブル）シリーズを例に挙げますが、解説の大半は他社の組み込み用Bluetoothモジュールでも活用できる考え方になっています。

コンプリートBluetoothモジュールの使い方はカンタンです。ムセンコネクトのBLEモジュールLINBLEの場合、マイコンとLINBLEをUARTでつなぎ、マイコンからLINBLEに対してシリアルデータを送受信するだけでOKです。

LINBLEの制御はマイコンからATコマンドライクなテキストコマンドを送信して行います。Bluetooth接続が確立された後は、通常のシリアル通信(RS-232C)と同じようにデータ送受信ができますので、マイコンプログラムに大きな変更は必要ありません。

4-1 Bluetooth Low Energy（BLE）の接続手順

まずはBluetooth Low Energy（BLE）の接続手順について解説します。手順は大きく4ステップです。

STEP① セントラル/ペリフェラルの役割を決める

BLE通信を行う2つのデバイス間においては、接続する側のデバイスを「セントラル（Central)」、接続される側のデバイスを「ペリフェラル（Peripheral)」と呼び、必ずセントラルとペリフェラルの組み合わせで通信を行います（セントラル同士、ペリフェラル同士で通信することはありません)。よって、まず2つのデバイスそれぞれの役割を決める必要があります。役割を決める上で重要なポイントは「接続要求ができるのはセントラル側のみ」であり、「通信を開始できるのはいつもセントラル側デバイス」という点です。

つまり、システムの構成上、接続アクションを起こしたい側のデバイスはセントラルにする必要がありますし、ペリフェラル側から好きなタイミングで接続、データ送信はできないことになります。よってBLEの役割を決めればデバイスの操作アクションも決まりますし、逆に操作が決まっていれば自ずとBLEの役割も決まります。想定しているデバイス操作に合わせてセントラル/ペリフェラルの役割を決めましょう。

なお、BLEデバイスといっても、スマートフォン・タブレット・パソコンのようにセントラル/ペリフェラルの両方に対応しているデバイスもあれば、周辺機器のようにペリフェラルとしてのみ動作できるデバイスもあります。LINBLEはセントラル/ペリフェラルの両方に対応していますが、ペリフェラル側としてデバイスに組み込まれることが多く、その場合セントラル側はスマートフォン・タブレット・パソコンが担うことが一般的です。

STEP② ペリフェラルを待受状態（アドバタイズ）にする

セントラル/ペリフェラルの役割が決まったら、接続の準備としてペリフェラル側デバイスを待受状態（アドバタイズ）にします。

- ペリフェラルデバイスがアドバタイズしていなければ、セントラルから接続させることはできません（携帯電話でいえば、圏外や電源OFFで着信できない状態と同じです）
- アドバタイズしているBLEデバイスは、周囲のBLEデバイス（スマホやパソコン）であれば誰でも発見することができます。意図しない不特定多数の相手から接続されてしまう恐れがあるため、接続認証などのセキュリティ対策はしっかり行いましょう

STEP③ セントラルから接続する

ペリフェラル側をアドバタイズさせたら、セントラルデバイスから接続要求を出します。

- 前述のように、接続要求を出せるのはセントラルデバイスのみです
- ペリフェラル側がアドバタイズしていない場合は、セントラルが接続要求を出しても接続できずエラーとなります

このときの接続処理において、双方の設定値パラメータを参照してBluetooth接続に関する各種パラメータが決められたり、接続認証が行われます。すべての処理が完了すれば、「Bluetooth接続状態」となります。

STEP④ Bluetooth接続完了

Bluetooth接続が完了すれば、双方向データ通信が可能となります。

- セントラル、ペリフェラルのどちらからでもデータ送信が可能です（セントラル/ペリフェラルの役割と、上位アプリケーションにおけるデータ送信側・データ受信側という決めごとは関係ありません）
- Bluetoothはデータ送信側のみ電波を発信しているわけではなく、接続を維持するために双方のデバイスから絶えず電波が発信されています（稀にデータを受信するだけのデバイスなら電波法がいらないと誤解されている方もいらっしゃいますが、データを受信するだけのデバイスでも接続を維持するために電波を発信するので電波法は必要です）
- セントラル/ペリフェラルのどちらからでも通信を終わらせることができます（切断）

LINBLE同士で通信させる場合、Bluetooth接続が確立された後はシリアルケーブルがつながっているのと同じ状態です。UART経由でデータをやり取りします。LINBLEをペリフェラルとして利用し、セントラル側がスマートフォンやパソコンの場合は、LINBLE（ペリフェラル）が提供している2つのキャラクタリスティックを通じてデータを送受信します。Writeキャラクタリスティックはセントラルから LINBLEへデータを送信するときに利用し、Notifyキャラクタリスティックは LINBLEからセントラルへデータを送信するときに利用します。

4-2 Bluetooth 2.1とBluetooth 5.0は接続できる？

「バージョン2.1とバージョン5.0のBluetoothデバイスは接続、通信できるのでしょうか？」

ちょうどBLEが普及し始めた頃、Bluetooth　Classic（SPP：シリアルポートプロファイル）からBLE（GATT）への移行を検討されるお客さまからよく聞かれた質問です。要は「バージョンの異なるBluetoothデバイス同士は接続できるのか？」という意味合いです。質問に対する答えとしては、「接続できる場合もあるし、つながらない場合もある」ということになります。それはなぜでしょうか？順を追って解説していきます。

Bluetoothバージョンと搭載プロファイルの関係性

まずご理解いただきたいのは、Bluetoothバージョンと搭載プロファイルは別物ということです。SPPモジュール＝Bluetooth 2.1ということではありません。逆にBluetooth 2.1だからといって必ずSPPが搭載されているわけでもありません。SPPモジュールということでいえば、Bluetooth 2.1のSPPモジュールも、Bluetooth 3.0のSPPモジュールも、Bluetooth 4.1のSPPモジュールもあれば、Bluetooth 5.0のSPPモジュールもBluetooth認証上はあり得ます。

また、BLEの場合も同様です。BLEはBluetooth 4.0から登場しましたので、上記の例でいうとBluetooth 4.0のBLEモジュールも、Bluetooth 4.1のBLEモジュールも、Bluetooth 4.2のBLEモジュールも、Bluetooth 5.0のBLEモジュールもBluetooth認証上はあり得ます（Bluetooth 2.1やBluetooth 3.0のBLEモジュールはあり得ないので注意）。

ちなみに、搭載プロファイルというのは1デバイスに1つでなければダメということではありません。1デバイスにSPPとBLE（GATT）の両方が載っている場合もありますし、3つ以上のプロファイルが載っていることもあります。

相互接続性にBluetoothバージョンは関係ない。重要なのは搭載プロファイル

双方のBluetoothデバイスが接続、通信できるか否かは「双方のBluetoothデバイスに同じプロファイルが搭載されていれば通信可能」ということになります（ここでいうBluetoothデバイスとは、Bluetoothモジュールだけではなく既製のBluetooth機器、最終製品など、Bluetooth機能を搭載しているデバイス全般を指します）。

このとき重要なのは、「Bluetoothのバージョンは基本的に関係ない」ということです。たとえば、SPPプロファイルを載せたBluetooth 2.1+EDRのSPPモジュールは通信相手もSPPを搭載していれば通信できるということになりますが、Bluetooth 5.0のデバイスでもSPPを載せているものもあれば、そうではないものもあります。通信相手がSPPを搭載していればバージョンは関係なく通信できますし、逆にSPPが搭載されていなければ相手がBluetooth 2.1+EDRでも通信はできません。

BLEの場合も同じで、接続できるかどうかは双方にGATTプロファイルが搭載されているか否かです。

Bluetooth 2.1とBluetooth 5.0は互換性がない？

もう1つよくある質問が「バージョン2.1とバージョン5.0は互換性がないってホントですか？」というものです。ここでいう互換性とは、Bluetooth 2.1とBluetooth 5.0のデバイスは通信ができないというニュアンスで質問されていた方が多かった印象ですが、答えとしてはこうなります。

- SPPとBLEは互換性がない
- Bluetooth 2.1とBluetooth 5.0が通信できないのではなく、Bluetooth Classic（SPP）とBLE（GATT）の組み合わせでは通信できない

● Bluetooth 2.1とBluetooth 5.0の組み合わせでも、双方にSPPが搭載されていれば通信できる

やはりバージョン間の問題ではなく、あくまで搭載プロファイルが関係します。というわけで、SPPモジュールとBLEモジュールの組み合わせでは接続できませんが、これはBluetooth 2.1とBluetooth 5.0だから接続できないのではなく、それぞれ搭載しているプロファイルが一致していないから接続できないということになります。

»» プロファイルが一致するだけではダメ。BLEデバイスには役割がある

さらに、「双方のBluetoothデバイスに同じプロファイルが搭載されている」というのは相互接続性の「必要条件」ではありますが、「十分条件」ではありません。双方がGATTプロファイルを搭載しているBLEデバイスでも、セントラル同士、ペリフェラル同士では接続することができません。セントラルとペリフェラルの組み合わせでのみ接続が可能です。

▶接続可能なセントラル・ペリフェラルの組み合わせ

デバイスB ＼ デバイスA	セントラル	ペリフェラル
セントラル	接続できない	接続可
ペリフェラル	接続可	接続できない

市場に出回っている組み込み用BLEモジュールというのはペリフェラル専用であることが多いです。というのも、組み込み機器にBLEモジュールを搭載し、その通信相手がスマートフォンやタブレットの場合は、スマートフォン側をセントラル、BLEモジュール側をペリフェラルとすることが一般的だからです。もしBLEモジュールの通信相手にスマートデバイス以外のBLEデバイスを用いるときは注意が必要です。そのBLEデバイスが「ペリフェラル専用」だった場合、BLEモジュール側はセントラルに対応していなくてはなりません。

4-3 Bluetoothモジュールとホストマイコンの接続

BLEモジュールLINBLEとホストマイコンは、UARTで接続をします。

LINBLEの信号名	I/O	機能	論理	説明
TXD	O	データ送信	正	LINBLEが送信するデータ （ホストマイコンが受信するデータ）
RXD	I	データ受信	正	LINBLEが受信するデータ （ホストマイコンが送信するデータ）
RTS	O	送信要求	負	LINBLEが受信可能なときにLowを出力 （ホストマイコンはLowのときにデータ出力可）
CTS	I	送信許可	負	LINBLEはLowのときにデータ出力可 （ホストマイコンが受信可能なときにLowを出力）

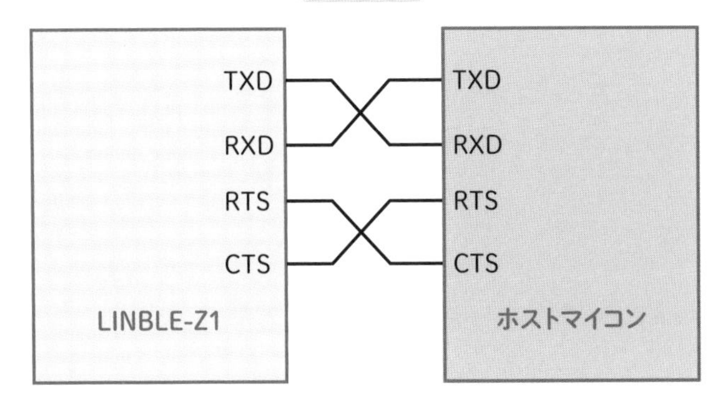

》動作不良の原因No.1は「ハードウェアフロー制御なし」

Bluetoothモジュールのトラブルの原因として一番多い理由は何か？

それは、「ハードウェアフロー制御をしていない」です。事実、著者はこれまで15年以上、数多くのお問い合わせに対応してきましたが、お客さまから相談を受けた不良動作の大半は「ハードウェアフロー制御をしていない」ことが原因でした。

Bluetoothモジュールとマイコン間のUART接続では「ハードウェアフロー制御」が必要であり、ムセンコネクトのLINBLEでは「ハードウェアフロー制御が動作保証条件」となっています。マニュアルにもその旨は記載しているのですが、残念ながらハードウェアフロー制御なしで利用されているエンジニアの方も一定数いらっしゃいます。

お客さまがフロー制御をしない理由はさまざまです。

「使用するマイコンにCTS/RTSがない。」
「できるだけUART制御に手間をかけたくない。」

など、制御しない理由が明確なケースもある一方、

「深い意味はないが、ただなんとなくフロー制御をしなくて良いと判断した。」

というケースもあるようです。

つまり、なんとなくハードウェアフロー制御を軽視してしまっているのです。では、ハードウェアフロー制御を軽視するとBluetoothモジュールはどうなるのでしょうか？

「ハードウェアフロー制御なし」は万病の元

ストレスや喫煙は万病の元と言われます。これは、カラダのあらゆる病気や体調不良はストレスや喫煙が原因になり得るというものです。Bluetoothモジュールにおける「ハードウェアフロー制御なし」も同じことが言えます。過去の経験上、ハードウェアフロー制御を行わないことによって、ありとあらゆる不良動作の原因となり得ることがわかっています。そして、どのような不良がどれくらい

の頻度で起きるのか、それはモジュールメーカーであるわたしたちでもわかりません。Bluetooth チップ（コアモジュール）やライブラリはハードウェアフロー制御を前提とした仕様となっており、かつ、ブラックボックスになっている部分もあるため、わたしたちでも予見することができないのです。

データ落ちやデータ化けはハードウェアフロー制御をしない場合のリスクとしてある程度認知されているようですが、一見、ハードウェアフロー制御はまったく関係なさそうな不良動作であっても、適切にフロー制御を行うことで不良動作が改善された例が少なくありません。わたしたちでも想像だにしなかった不良動作の原因がフロー制御だったこともありました。

ハードウェアフロー制御なしで動作させた場合の不良動作例は以下の通りです。

- （特定の条件下において）Bluetooth モジュールが応答しなくなる（フリーズしてしまう）
- （特定の条件下において）BT コマンドが実行できなくなる（エラーになる）
- （特定の条件下において）接続ができなくなる

それ故、お客さまから不良動作に関するお問い合わせをいただいたとき、わたしたちは真っ先に「ハードウェアフロー制御の有無」をヒアリングします。そしてもし「ハードウェアフロー制御なし」でご利用いただいていた場合は、まず「ハードウェアフロー制御あり」での動作確認をお願いしています。「ハードウェアフロー制御なし」でご利用いただいている状況下では、それ以上の調査を進めることができないからです。

このように、LINBLE がハードウェアフロー制御を動作保証条件としているのは、カスタマーサポートを通じて得た多くの経験に基づいた根拠があり、「とりあえず動作保証条件にしておこう」といった軽いものではありません。ハードウェアフロー制御はなんとなく軽視して良いものではないのです。

過去には、「ハードウェアフロー制御をすれば改善されるのはわかった。だけどいまさら回路変更なんてできない」という、八方塞がりの状況になってしまうお客さまもいらっしゃいました。不良動作が発覚し、後から回路を変更するのは容易ではありません。だからこそ、「何か問題が起きたらフロー制御やればいいや」では遅いのです。トラブルを未然に防ぐため、必ず「ハードウェアフロー制御あり」で設計しておきましょう。

4-4 Bluetooth モジュールにまつわるよくある質問

基板設計時の注意点は？

アンテナ付近の金属は電波特性に影響を及ぼすため注意が必要です。基板設計時にはBluetoothモジュールをできるだけ基板の外側に配置し、アンテナも外を向くようにする必要があります。また、基板のベタパターンも金属と考えて、アンテナ周辺にベタパターンをレイアウトしないようにご注意ください。

金属筐体に組み込んでも大丈夫？

過去の経験上、金属筐体に組み込んだ場合でも、減衰はするもののまったくBluetooth通信が行えないというケースはあまりありません。

たとえば、「筐体なしで10m通信できるところが金属筐体に組み込むと7mになる」というようなイメージです（※あくまでイメージです。逆に電波を完全に遮断するのはそれはそれで難しく、相応のシールド技術が必要だったりします）。この減衰する度合いは金属の素材や厚さ、組み込まれた位置など、デバイスのさまざまな要素が影響すると考えられるため、実際に筐体に組み込んだ状態で通信評価していただくことを推奨しています。

また、電波の通り道として筐体の一部にスリットを入れたり、樹脂製の筐体に変更するなどの工夫によって、影響を抑える効果が期待できます。

外部アンテナは可能？

アンテナを変更すると技適の再取得や追加申請が必要となるため、アンテナは手軽に変えられる要素ではありませんが、外部アンテナに対応しているBluetoothモジュールも一部存在します。

1対N接続はできますか？

BLE通信において、1台のセントラルデバイスに対して複数のペリフェラルデバイスを接続できるか否かはセントラルデバイスの仕様によります。最近のスマートフォンやタブレットをセントラルとして使用するのであれば1対N接続に対応している可能性が高いと考えられます。一方、BLEモジュールがセントラル側になる場合は1対1のみに制限されているモジュールもあるのでご注意ください。

BLEモジュールを制御するホストマイコンのオススメは？

とくにオススメのメーカーやスペックなどはありませんが、UART I/Fがあり、ハードウェアフロー制御が行えるホストマイコン（CTS/RTSがある）をお選びください。

消費電力を抑えるためにはどうすれば良いですか？

消費電力を抑えるのに一番良いのは「できる限り電波を発しない」ことです。「無線通信なのに電波を発信しないなんてできるの？」と疑問に思われるかもしれません。当然まったく発信せずに通信はできませんが、できるだけ減らす工夫は可能です。

具体例を挙げると、本来であれば「1分に1回接続し、10バイトのデータを送って切断する」アプリケーションがあったとして、これを「10分に1回接続し、100バイトのデータを送って切断」に変更することで、接続回数と通信回数、つまり電波を発信して電力消費する機会を減らすことができます。従来の有線通信では「1分に1回、10バイトのデータ」だったとしても、無線通信に合わせて上位アプリケーションの方を調整する、これが無線通信における省電力化のための工夫です。

他にもアドバタイズの発信間隔を拡げたり、電源OFF（または待機）の時間を増やせるような運用に変えたり、できる限り電波を発しない時間を増やす工夫をしてみると良いでしょう。

»» 通信速度を速くするためにはどうすれば良いですか？

通信速度は外的環境に影響を受けやすいため、通信距離を短くしたり、遮蔽物を避けるようにしたりして、できるだけ良い電波環境で通信できるように配慮しましょう。

それでも期待する通信速度が実現できない場合は、Bluetoothの高速通信機能である「2M PHY」を使うことを検討しましょう。他にも、Connection IntervalやMTU Sizeといった通信パラメータ設定を変更することで通信速度が速くなることがあります。

»» 通信距離を延ばすためにはどうすれば良いですか？

長距離通信を実現させるためにはさまざまな要因をクリアする必要があります。

まずは、「BLEモジュール付近の基板や筐体部に金属を用いない」や「通信環境における遮蔽物を避け、直線の見通しが確保できるようにする」などが挙げられます。

次に、送信時のパワー設定（TxPower）を確認します。遠くまで電波を送りたい場合はTxPowerを+8dBmなど、できるだけ大きな値に設定するようにします。Bluetoothは双方のデバイスが電波を発信してやり取りしていますので、通信距離は相手デバイスの性能にも左右されます（双方が強肩でなければ遠距離のキャッチボールができないのと同じです）。

それでも期待する通信距離が実現できない場合は、Bluetoothの長距離通信機能である「LE Coded PHY」を使うことを検討しましょう。

4-5　BLEアプリ開発のポイント

Bluetoothを採用する最大のメリットとして挙げられるのが「スマートフォンとの通信」。自社Bluetooth機器とスマートフォンとの間でデータ通信を行うためには、スマートフォン側アプリの開発も不可欠です。ここでは実際にムセンコネクトが開発したiOSアプリ「LINBLE Keyboard」を例に挙げ、「Bluetooth機能を使ったアプリ開発」で考慮すべき注意点などを解説します。

まずはじめにムセンコネクトがリリースしているiOSアプリ「LINBLE Keyboard」の概要について説明しておきます。

「LINBLE Keyboard」はキーボード着せかえアプリです。このアプリの最大の特長は「ソフトウェアキーボード上でムセンコネクトのBLEモジュールLINBLEとBLE通信を行うことができる」という点です。LINBLEから送信されたBLEデータはスマートフォン側でキーボード入力に変換されるため、ソフトウェアキーボードが利用できる標準メモアプリなどのさまざまなアプリで受信データをカンタンに確認できるようになります。もちろん、通常のソフトウェアキーボードと同じようにキータッチによるテキスト入力も可能です。

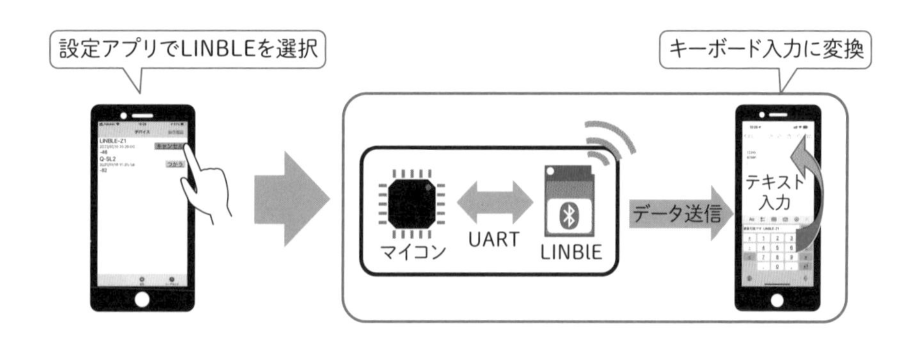

ポイント① 通信相手となる実機を事前に用意しておく

アプリ開発を行う際には、必ず事前にスマートフォンの通信相手となる実機（自社開発のBluetooth機器）を用意しておきましょう。Bluetooth通信というのは基本2台のデバイス間で行います。当たり前ですが、片方のデバイスだけでは動作確認をすることができません。詳しくは後述しますが、開発時の動作確認では思った通りに動かなかったり、予期せぬ挙動に出くわすことが多々あります。これらのトラブルは「実際に実機で動かしてみてはじめて顕在化する」ことがほとんどですので、実機の準備なしにアプリ開発を進めることはできません。

もしアプリを自社開発する場合は、ある程度デバイス開発と同時進行させることも可能ですが、アプリを外注する場合はそうはいきません。必ず貸与用の実機を用意してから依頼するようにしましょう。

また、実機が用意されていないとアプリ開発担当の立場でも困ってしまうことがあります。たとえばまだ商品企画段階で、デバイスの開発もスタートしていないような状況でのアプリ開発の見積依頼です。ときどき「これから開発するBluetoothデバイスとスマートフォンとの間で、こんな感じのやりとりがしたい」程度のざっくりとした情報だけで工数算出を求められることがありますが、当然仕様が定まっていない状況では精度の高い見積を作成することはできません。そういう意味でも、アプリ開発の段階では「完成品に近いデバイスの実機」が求められるのです。

ポイント② 通信に失敗することも考慮して「状態遷移図」を作る

アプリの仕様を検討する際、BLE通信周りの仕様については、

- 接続/切断のタイミングは具体的にいつか？
- 接続/切断や通信に失敗したときの処理はどうするか？
- 受信したデータはどのように処理するか？
- バックグラウンドでの動作はどうするか？

といった内容に着目しながら仕様を詰めていきます。とくに、そもそもBluetooth接続できないときや、何らかの原因により望まないタイミングで切断されてしまったときなど、Bluetooth通信が失敗したときの処理を考えておくことがとても重要です。

BLE通信は障害物があったり、物理的に距離が離れると通信が不安定になることがあるため、常に安定した通信状態を維持できるとは限りません。また、ユーザーが適切な切断手順を踏まずにいきなりデバイスの電源をOFFしてしまうようなケースも少なくないため、通信に失敗したときの処理をどうするのか、仕様としてあらかじめ明確にしておきます。

状態遷移図を書いてあらゆる状態を洗い出し、抜け漏れがないようにしましょう。

▶**状態遷移図の例**

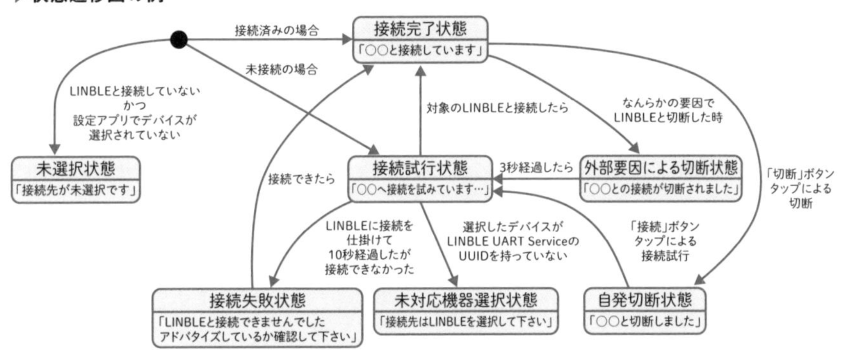

⋙ポイント③「接続」「データ通信」だけではなく「切断」も意識する

「LINBLE Keyboard」の仕様決めで一番時間をかけたのが「切断のタイミングをいつにするか？」でした。「接続すること」や「ちゃんとデータ通信すること」に比べるとあまり意識が向かないかもしれませんが、「切断すること」についてもしっかり考えておくことが大事です。たとえば、

「ユーザーがアプリを操作していない間もずっと接続は維持した方が良いのか？」
「アプリがスマホ画面に表示されていない間（バックグラウンド）も接続を維持

するのか？」
「何かのタイミングで自動的に切断した方が良いのか？」
「切断したいユーザーはどのように操作すれば良いのか？」

など、操作や処理の「終わり」となる切断についても考えることがたくさんあります。LINBLE Keyboardでは当初「キーボード表示で接続」「キーボード非表示で切断」とする案がありましたが、そうした場合、以下のような懸念点がありました。

- 一時的に別のキーボードで入力を行いたい場合や誤操作でキーボードが切り替わってしまった場合に、その都度接続⇔切断が起きるため、タイムラグが生じたり、操作感が損なわれる恐れがある
- LINBLE Keyboardを複数のアプリで使用することを考えたとき、状態遷移が複雑になり（開発側として）管理が難しくなる

そのため、「切断ボタンを設置してユーザーが任意のタイミングで切断できるようにし、それ以外は接続を維持する」ことでこれらの懸念点を解消しました。「LINBLE Keyboard」を使ったことがない方にはあまりピンとこない説明かもしれませんが、とにかく「動作の終わりである切断も意識して仕様を決めるべき」ということです。

ポイント④ 電波は目に見えないからこそ「今の状態」がわかる工夫を

ユーザー自身も「Bluetoothの接続状態」を意識できるような工夫をしましょう。

▶「Bluetooth の状態」をキーボード上部に表示

「LINBLE Keyboard」ではキーボードの上部にBLE通信のステータスメッセー

ジを表示するようにしていますが、これは「BLE通信状態がいまどうなっているか」をユーザーへ伝えることを目的としています。

BLE通信というのは目に見えないものなので、いまはBluetoothでつながっているのか、切れているのか、データが送られているのか、ユーザーはそれを目で見て判断することができません。だからこそアプリを通して、ユーザーにできるだけ「いまどういった状態なのか」を伝える工夫が大切です。つまり「状態の可視化」です。

一例を挙げます。「LINBLE Keyboard」ではキーボード（スマートフォン）からLINBLEに対して接続を試みますが、仮にLINBLEがアドバタイズしていなかった場合、永遠に接続が確立されず、キーボードから接続を仕掛け続けることになります。そうするとユーザーはずっと接続を試みているのに、なぜ接続が確立されないのかがわからないままになってしまいます。

そこで、10秒経っても接続できなかった場合は「LINBLEと接続できませんでした／アドバタイズしているか確認してください」とメッセージを表示するようにしています。こうすることでユーザーにより詳しい「いまの状態」を伝えることができ、ユーザーも次のアクションが取りやすくなります。

ユーザーのためでもあり、自分たちのサポートのためでもある

「ユーザーにいまの状態を把握してもらう工夫」はユーザビリティのためだけではなく、「自分たちがサポートしやすくするための工夫」でもあります。長年、無線モジュールを販売・サポートしていると通信トラブルに関するお問い合わせをいただくことがありますが、ユーザーからのお問い合わせというのは得てして「つながりません」「切れちゃいます」「通信できません」といったような漠然としたご報告であることが多いため、原因を探ろうにも手がかりがほとんどない状況だったりします。

そこでまずは「現状を把握する」ことになるのですが、その際のヒアリングでこのような「工夫」が活きることになります。メーカー側はユーザーに対して「いまどんなメッセージが表示されていますか？」とシンプルな質問で聞けるようになりますし、ユーザー側としても画面を見れば一目瞭然で答えやすいです。エラーの原因と解決のためのアクションが一目でわかればユーザーもわざわざ問い合わ

せをする必要がなくなりますし、メーカー側もサポートの負担を軽減することができます。「見えないものを可視化する工夫」は、まさに両者にとってメリットがある工夫なのです。

≫ ポイント⑤ アプリ動作環境の制約に合わせて仕様を見直す

実際に開発する段階では、Bluetooth周りの挙動がアプリの仕様通りにならず苦労することがあります。たとえば「LINBLE Keyboard」では、「設定アプリで選択をキャンセルした際、接続先のLINBLEと接続中だった場合は同時に切断処理も行う」という仕様になっていたため、アプリ内の「キャンセルボタン」を押したらすぐに切断されることを期待していたのですが、実際は意図したタイミングで切断できないことがありました。調査したところ、iOSの挙動により、アプリの処理が意図せず止まってしまっていたことが原因だとわかりました。

さらに調査を進めた結果、当初の仕様では実装が難しいことがわかり、仕様の方を変更することになりました。当初想定していた実現方法（仕様）通りに開発するのが基本ですが、実際に開発してみたらうまくいかないこともありますし、開発してみるまでOSやハードウェアの制約がわからないこともあります。とくにBluetooth周りの細かな挙動や異常系の処理などは事前に把握しづらいところです（Bluetoothの挙動はOSごとにも違うし、機種によって違うことも）。

また、「やっぱりこっちの方がいい」とか「この画面だと操作しづらい」とか、開発中のアプリを実際に操作してみることで新たに気づくこともあり、必ずしも当初の仕様通りに作ることがベストのでき上がりになるとは限りません。よって当初の仕様にこだわらず、ときには「実現できること」に合わせて「実現したいこと」を見直すことも必要です。

ポイント⑥「接続できない」「データ抜け」などのトラブルが起きる前提で動作テストをする

BLE通信に関係する評価では、

- 受信したデータのアウトプットが期待通りの内容になっているか？
- 10KiBのような大量のデータを受信したときに、データの欠落が起きていないか？
- アプリからの接続⇔切断が100回成功するか？
- デバイスからの切断が100回成功するか？

といった評価を行いますが、繰り返し言及しているように無線通信は安定した通信状態を維持できるとは限らないため、無線デバイスでは

- 接続できない（または再接続できない）
- 意図せず切断してしまう
- データ抜けやデータ化けが起きる

といったトラブルが必ず起きてしまいます。

よって、たとえば「受信したデータがたまたま1バイト欠落した場合にアプリがクラッシュした」ということが起きるかもしれませんので、そういったケースも考慮して評価項目を作成しましょう。

ちなみにLINBLE Keyboardでは特定のASCIIコードのみを扱う仕様のため、テストコードを利用してASCIIコードすべてを送信し、期待通りの出力結果になることを確認しています（文字として認識しないASCIIコードを受信した場合は無視するなどのエラー処理も動作確認済み）。

ポイント⑦ 必ず実機でも評価する

なお、iOSアプリの評価において、Xcode上の単体テストで問題ないことを確認していても実際にBLE通信したときの動作も問題ないという保証はありません。だからこそアプリ開発の動作テストにおいては実機での通信評価も不可欠となります。

たとえばアプリの「接続ボタン」を押しただけでは本当に選択したLINBLEと通信できているかわかりません。アプリでは接続できたように見えても、実際はうまく通信できていない可能性もあります。そこでLINBLE Keyboardの評価ではプロトコルアナライザを使って、選択したLINBLEがちゃんとアドバタイズを出していることや、iPhoneからそのLINBLEに対して間違うことなく接続要求を出していることなどを確認しています。

ポイント⑧ 審査を通すコツは「デモ動画を用意する」こと

iOSアプリをApp Storeで配信するためにはAppleの審査をクリアする必要がありますが、「BLEを使ったアプリ」ならではのコツがあります。

たとえば自社開発したBluetoothデバイスとBLE通信をするiOSアプリを審査に出す場合、Appleの審査者はそのデバイスがなければ実際にBLE通信をさせて動作確認することができないため、「情報不足」という理由でリジェクト（却下）になってしまうことがあります。上記の理由でリジェクトされた場合には、デバイスと操作説明書をApple本社（カリフォルニア）まで送るよう要求される可能性がありますが、Bluetoothデバイスの輸出手続きは手間も時間もかかりますし、説明書を作るのも面倒です。加えてリジェクト後のやり取りは英語で行われますので、ムダな手間を増やさないためにもリジェクトは避けたいところです。

そこでオススメなのが「実際に自社デバイスとiOSアプリがBluetooth通信している様子を動画に撮り、デモ動画として提出する」という方法です。審査ではアプリに関する資料としてpdf、zip、mp4などのさまざまな形式のファイルを一緒に提出することができます。実際にBluetooth通信する様子を動画で見せれば「こういうデバイスと通信して、こういう動きをするアプリですよ」というのが一目瞭然です。

撮影はスマートフォン、動画編集はフリーソフトでもOKです。審査はApple本社で行われるため、英語と日本語両方の字幕を入れると良いでしょう。翻訳も機械翻訳で問題ありません。撮影で気をつけることは「自社デバイスがどういうものか簡単に説明を入れること」「自社デバイスがしっかり映りこんでいること」の2点です。念のため自社デバイスのユーザーマニュアルも閲覧できるようにしておくとなお良いです。

アプリの内容やデバイスによってはどうしても郵送が必要になる可能性はありますが、少なくともこれまでの経験上、デモ動画を提出して「情報不足」でリジェクトされたことはありません（他のリジェクト理由がある場合は除く）。Bluetoothを使ったアプリ審査時には一緒にデモ動画を提出することをオススメします。

Column　Bluetoothを使ったスマートフォンアプリにBluetooth認証は必要？

Bluetoothを使ったスマートフォンアプリサービスを展開する場合など、ソフトウェアサービスに対してBluetooth認証が必要なのか判断に迷うことがあります。

スマートフォンアプリメーカーN社は、BLEビーコンを使った位置情報サービスを自社開発しました。これをビジネス展開する場合にBluetooth認証が必要なのか判断に迷い、ムセンコネクトに相談をいただきました。状況は以下の通りです。

- N社が自社開発したのはBLEビーコンを使った位置情報サービスのスマートフォンアプリ
- スマートフォンアプリ内ではOSが提供しているBLE APIを使用
- BLEビーコンはB社製の既製品を購入し、B社ブランドのまま顧客へ貸与
- アプリをインストールするスマートフォンは顧客ユーザーが普段利用しているものを活用

これらを図にすると、以下のようになります。

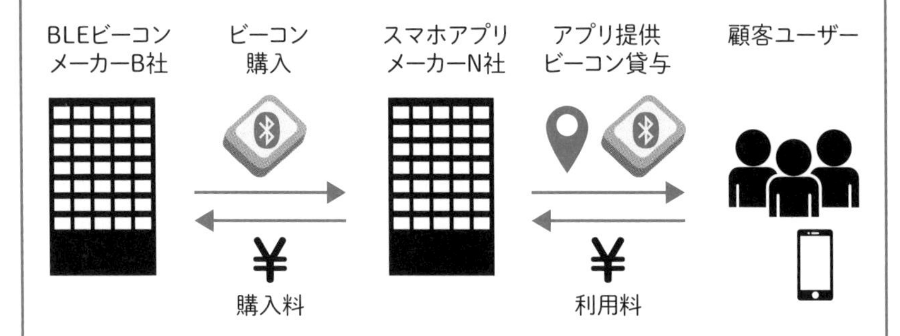

N社に代わって相談を受けたムセンコネクトがBluetooth SIGへ問い合わせた結果、「今回のビジネスプランであればBluetooth認証の取得は不要」との回答が得られました。

不要と判断された要否のポイントは「自社ブランド有形商材の有無」でした。「自社ブランド」、かつ、「物理的な製品」を販売している場合はBluetooth認証の取得が必要になりますが、N社のケースは

- スマートフォンアプリ（無形商材）のみ販売
- BLEビーコンは他社ブランドの既製品を仕入れ、他社ブランドのまま貸与
- スマートフォンは顧客ユーザーの保有物を活用

であるため、自社ブランドで提供する「有形商材」が無いことが判断のポイントになりました。

なお、このケースはいくつかの要件を満たしていたため「Bluetooth認証不要」という判断になりましたが、例えば通信プログラムなどのBluetoothソフトウェアスタックはBluetooth認証が必要になるため、ソフトウェアだからといって必ず認証が不要になるわけではありません。要否については都度確認が必要です。

第5章

実測データで理解を深める

電子機器の開発中にこのような経験はないでしょうか？

「カタログスペック上は実現できるはずなのにうまくいかない」
「データシートを見て期待していたほどのパフォーマンスが得られない」

ムセンコネクトでもBluetoothに関して似たような相談を受けることがあります。とくに無線通信は通信環境の影響を受けやすいため、測定する場所や条件が変わると得られる結果も大きく変わってしまいます。また、測定方法で結果が変わることもあります。よって、カタログスペックやデータシートは参考程度にとどめ、想定される利用環境や条件下で実際に検証してみることが重要です。

第5章ではムセンコネクトが実際にBLEモジュールを使って測定した通信距離、通信速度、消費電流のデータに加え、機種ごとの仕様が異なりトラブルが起きやすいAndroidスマートフォンとの動作確認結果をご紹介します。

5-1 1M PHY／2M PHY／LE Coded PHY通信距離性能比較

再三にわたりお伝えしているように、Bluetoothモジュールの性能（消費電力、通信距離、通信速度）は使用するPHYによって大きく変わります。ここでは各性能と各PHYとの関係性について解説します。

まずはざっくりとしたイメージを掴みやすくするため、各PHYごとの性能比較を表にまとめました。

▶各PHYの通信速度、通信距離、消費電力イメージ

PHY	通信速度	通信距離	消費電力
1M PHY	○	○	○
2M PHY	◎	△	△
LE Coded PHY	×	◎	△

「1M PHY」を標準的な性能の基準と考えると、「2M PHY」は通信速度が速くなる代わりに通信距離が低下し、「LE Coded PHY」では通信速度と消費電力を犠牲にして長距離通信に特化していることがわかります。

それでは各性能の具体的な数値を、実際にムセンコネクトが実施した「測定結果」に基づいて解説します。

ムセンコネクトはBluetooth 5.0から採用された長距離通信機能「LE Coded PHY」に対応したBLEモジュールLINBLE-Z2を開発し、さまざまなシチュエーションにおける通信性能評価を行いました。これまでLE Coded PHY対応のBLEモジュールに関して、「理論上（規格上）はこれくらい飛ぶ」という計算値であったり、良好な環境下における計測結果の報告はありましたが、BLEモジュールを選定するメーカーエンジニアのみなさんが知りたい情報は「これくらい飛ぶはず」

という理想的なデータではなく、「実際に自分が使いたい環境ではどれくらい飛ぶのか？」という実践的なデータではないでしょうか。いくら良好な環境下で長距離通信できたとしても、無線通信させたい環境がいつでも良好な環境であるとは限らないため、「実際に使われる環境ではどれくらい飛ぶのか？」という生のデータこそが重要だと考えます。

そこでムセンコネクトは良好な環境下における最大通信距離の評価はもちろんのこと、遮蔽物があったり外的要因に左右されがちな市街地での通信や、建物の異なる階数間での通信（高さ方向）、屋内で壁を隔てた部屋間での通信など、実際にBLEモジュールの利用が想定されるさまざまなシチュエーションで通信性能評価を行いました。

今回目指したのは「理論的にはおそらくこうなるだろう」ではなく、実際にやってみることで「実際にやってみたらこうでした」という「使えるデータ」です。無線デバイスの開発においては実環境で通信評価を行うのが大前提ではありますが、もしみなさんの使用環境に近しいシチュエーションの評価結果があれば参考にしていただけるのではないかと思います。なお、通信距離は長ければ長いほど良いというわけではなく、消費電流や通信速度とトレードオフとなりますので、今回は消費電流と通信速度の評価も行っています（後述）。

通信距離の評価方法

下記のような5つのシチュエーションで通信距離性能評価を行いました。順を追ってご紹介します。

Case① 直線の見通しが確保できる場所での通信（岩手県営運動公園内歩道）
Case② 直線の見通しが確保できる場所での通信（繋大橋・橋上）
Case③ 屋外・住宅地での通信
Case④ 屋内での通信
Case⑤ 高層ビルの高層階と地上間での通信（地上18階高さ72m）

基本となる評価方法は下記の通りです。

- LINBLE-Z2同士での通信。または比較のため、LINBLE-Z1同士やZEAL-S01同士も実施（※ZEAL-S01はLINBLEの前身となったエイディシーテクノロジー社のBluetooth Classic Class1モジュール）
- 各種パラメータや設定等は各評価シチュエーションに合わせて変更
- 各シチュエーションで通信を行い、シチュエーションごとの通信成功率を算出（たとえば試行回数10回の内、通信成功が8回、通信失敗が2回だった場合の通信成功率は80%とする）

評価基準

成功基準は以下を満たして1回の成功とする。

- Centralから接続試行（BTCコマンド）して、接続応答（CONN）が返ってくること
- CentralからPeripheralへデータ送信（1byte）が可能なこと
- PeripheralからCentralへデータ送信（1byte）が可能なこと

評価パラメータ

評価毎のPHYの設定以外は、以下の通り共通とする。

- Advertise Interval：初期値（100ms）
- Scan Interval：初期値（100ms）
- Scan Window：初期値（50ms）
- Tx Power：初期値（LINBLE-Z2/+8dBm、LINBLE-Z1/+4dBm、ZEAL-S01/+17dBm）

評価手順

定点から離れた所定のポイント（観測点）において、以下の手順で実施する。

1. アンテナのZ軸を向けて測定を行う
2. Peripheral/Slave側は0メートル地点（定点）でAdvertising/Inquiry Scanを動作させておく
3. Central/Master側は各地点で接続・データ送受信を複数回行う（回数は評価目的によって10回や50回など異なる）

Case① 直線の見通しが確保できる場所での通信（岩手県営運動公園内歩道）

まず評価を行ったのは、通信性能の「基準」となる「直線の見通しが確保できる場所での通信」です。良好な環境下で通信を行うことで、最大通信距離が計測できることを期待しました。

計測場所

岩手県営運動公園内の歩道（直線道路）で計測を行いました。道路の脇には街路樹がありますが、デバイス間の通信経路に遮るものはありません。

▶実験の様子（Case ①直線の見通しが確保できる場所での通信）

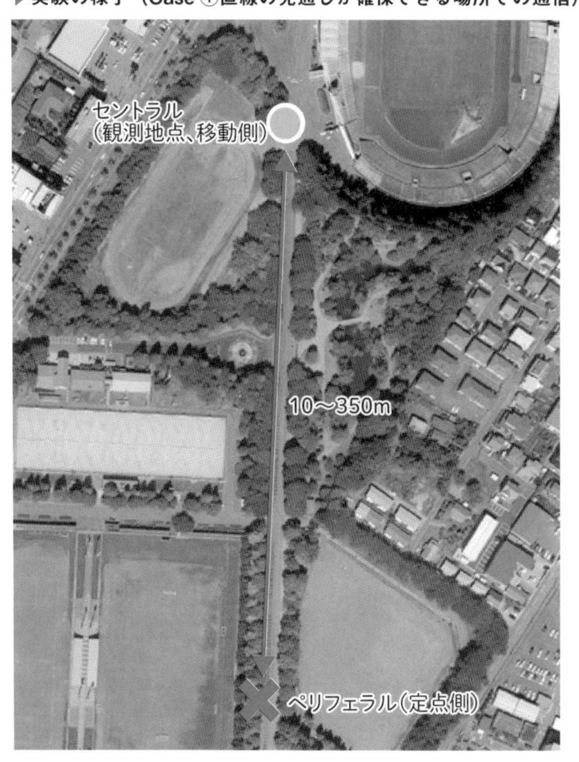

国土交通省　国土地理院、地理院地図（電子国土Web）を加工して作成

計測結果

まずはLINBLE-Z2の3つのPHY（1M PHY / 2M PHY / LE Coded PHY）ごとに通信距離を計測しました（LINBLE-Z2同士で通信を行い、双方のLINBLE-Z2は同じPHYに設定）。

▶ **PHY（1M PHY ／ 2M PHY ／ LE Coded PHY）の違いによる通信距離比較（LINBLE-Z2）**

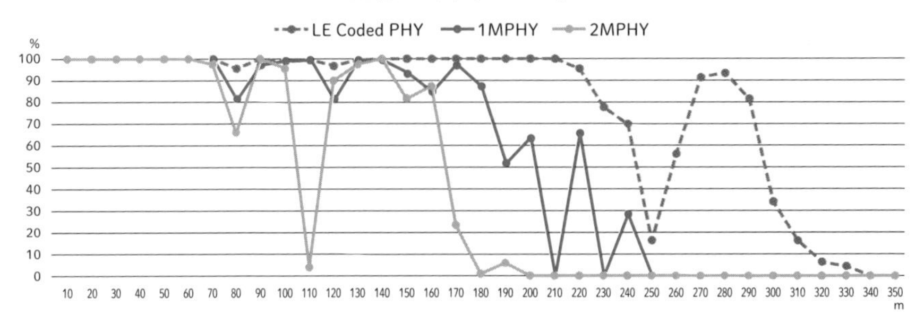

- 同じLINBLE-Z2でもPHYによって通信距離性能が異なり、2M PHY < 1M PHY < LE Coded PHYの順に通信距離が長くなる結果が得られました
- 通信確認できた最大距離はLE Coded PHY時の330mでした。ただし、通信成功率は10%以下と低く、210mを超えると通信エラーが見られるようになりました
- 今回行った計測においては「安定した通信ができた距離は210mまで」と言えます

次に同環境にて、LINBLE-Z1（1M PHY）同士の通信距離を計測しました。

▶ **+8dBm / 1M PHY（LINBLE-Z2）と +4dBm / 1M PHY（LINBLE-Z1）の通信距離比較**

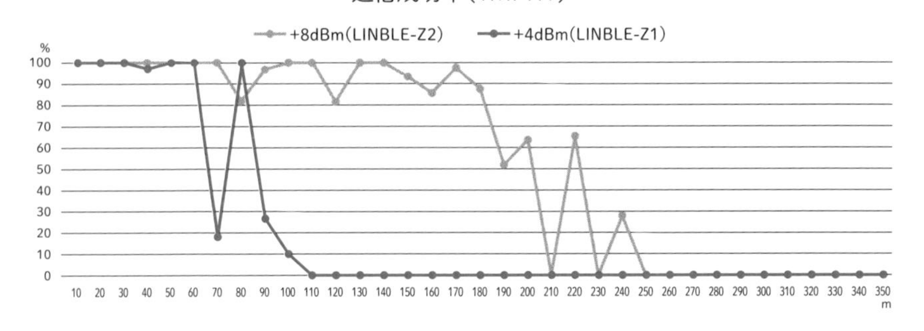

- 同じ1M PHYの計測結果を比較すると、LINBLE-Z1よりLINBLE-Z2の方が通信距離が延びていることがわかりました
- これはLINBLE-Z1のTx Power（通信最大出力）が+4dBmに対し、LINBLE-Z2は+8dBmであることが要因と考えられます

最後に同環境にて、Bluetooth ClassicのClass1モジュールであるZEAL-S01の通信距離を計測しました（ZEAL-S01同士での通信）。

▶ LE Coded PHY（LINBLE-Z2）と Bluetooth Classic Class1（ZEAL-S01）の通信距離比較

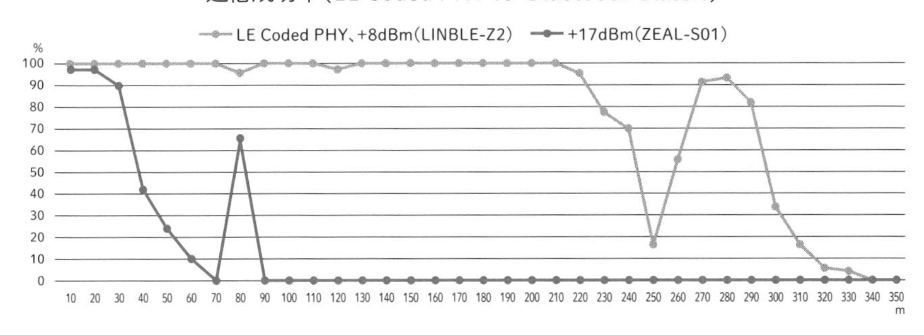

- LINBLE-Z2（LE Coded PHY）とZEAL-S01（Bluetooth Classic Class1）の計測結果を比較すると、圧倒的にLE Coded PHYの通信距離が長いことがわかります
- モジュールのチップアンテナが異なるため単純比較はできないものの、+17dBmのZEAL-S01に対しLINBLE-Z2は+8dBmであり、その点を考慮してもLE Coded PHYの通信距離性能は飛躍的に向上していることがわかります

Case①の計測においては、どのモジュール、どのPHYにおいても最長通信距離の手前で通信成功率が不安定になることが確認できました。よって通信成功率が低下する前までの距離を「安定して通信できる距離」と捉えるのが良いと考えます。

Case② 直線の見通しが確保できる場所での通信（繋大橋・橋上）

次に、直線の見通しが確保でき、かつ、周囲に反射物など何もない環境下で計測を行いました。

計測場所

岩手県内にある繋大橋の歩行者用の道路上で計測を行いました。ペリフェラル側、セントラル側の両モジュールはどちらも橋の上にあり、見通しが確保できています。欄干はあるものの、運動公園の街路樹ほどの高さはなく、電波が反射しづらい環境です。

▶実験の様子（Case ②直線の見通しが確保できる場所での通信）

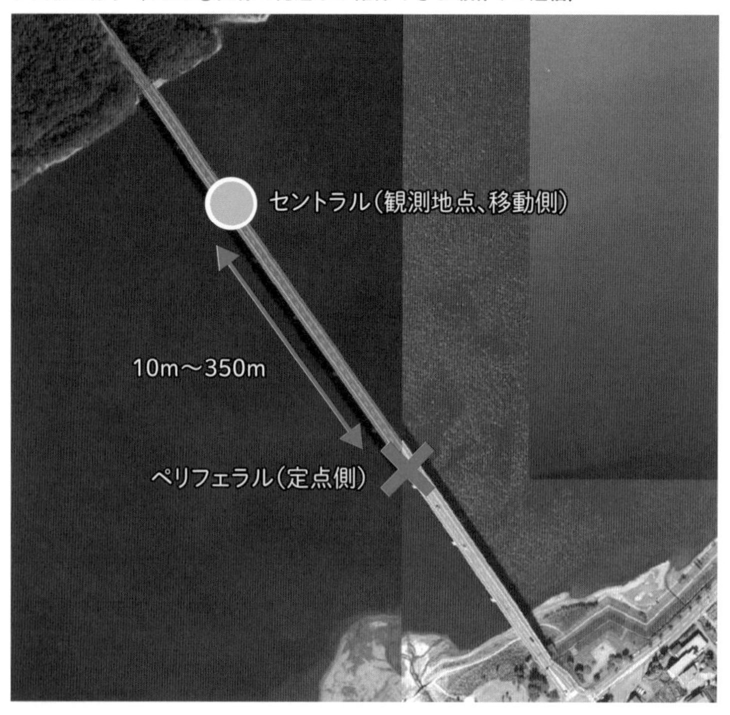

国土交通省　国土地理院、地理院地図（電子国土Web）を加工して作成

計測結果

▶ LE Coded PHY の通信距離（LINBLE-Z2）@繫大橋

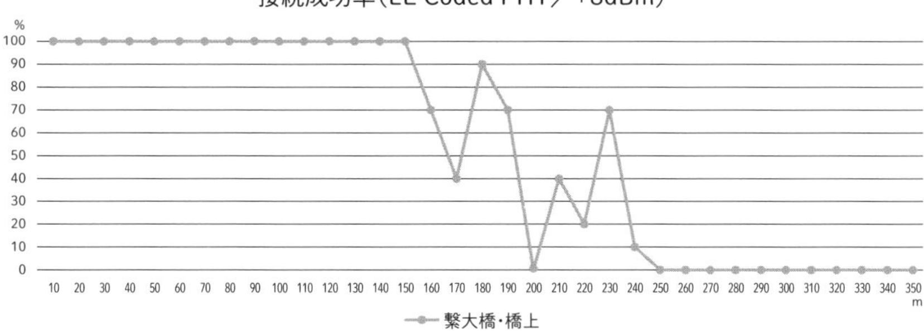

▶直線見通しの良い運動公園と繫大橋の接続成功率比較

接続成功率(LINBLE-Z2／LE Coded PHY／+8dBm)

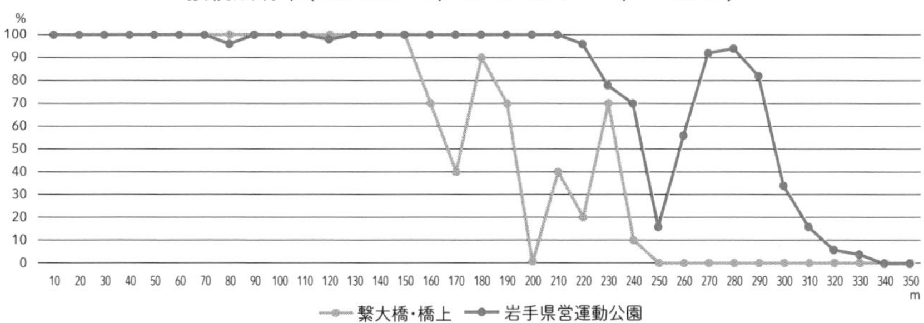

通信確認できた最大距離は240m地点であり（成功率10%）、250m以上では1度も通信を確認できませんでした。同じく直線の見通しが確保できていた運動公園の結果と比較すると、通信距離が短くなる結果となりました。繫大橋でも直線の見通しは確保できていましたが、橋上では運動公園の街路樹のような「電波を反射させる反射物」がなかったため、通信距離が延びなかった可能性が考えられます。

以上、Case①と②の結果から、直線の見通しが確保できることに加え、適度に電波を反射させる「反射物」があった方が通信距離が延びる場合があると考えられます。また、たとえ直線の見通しが確保できていたとしても、その他周辺環境によって通信距離は影響を受けることがわかりました。実際の通信環境下で評価を行うことの重要性を裏付ける結果となりました。

Case③ 屋外・住宅地での通信

続いて、BLEモジュールの利用が想定される環境の1つである屋外・住宅地で計測を行いました。屋外・住宅地は建物が遮蔽物になり得る上、無線LANや業務用無線がそこかしこで利用されている環境でもあり、通信環境としてはあまり良好な条件とは言えません。そのような環境での通信への影響を確認しました。

計測場所

オフィス建物の駐車場に定点（ペリフェラル側LINBLE-Z2、下図の×印）を設置し、観測ポイント（セントラル側、下図の22か所のポイント）はオフィス建物を取り囲むように周囲22か所に設定しました。定点と各観測点間の通信可否を確認しました。

▶実験の様子（Case③ 屋外・住宅地での通信）

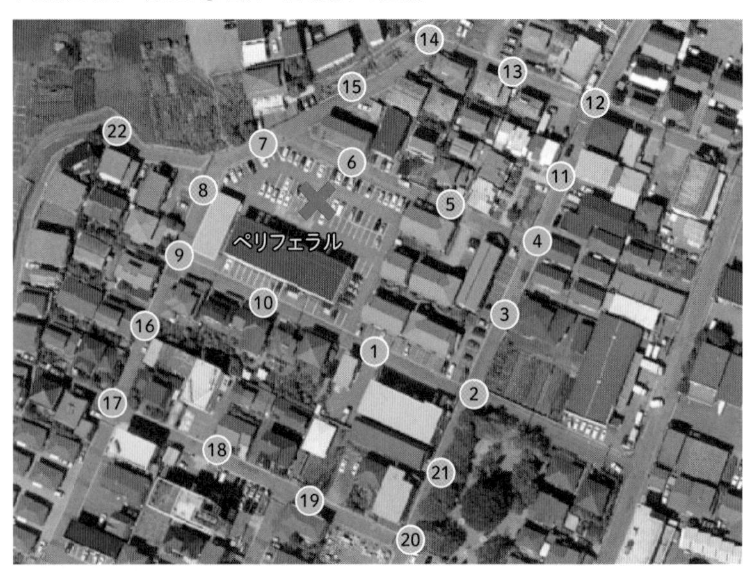

国土交通省　国土地理院、地理院地図（電子国土Web）を加工して作成

計測結果

計測の結果、定点との通信が確認できたのはポイント5、6、7、8、15、22の6か所のみでした。

▶通信確認できたポイント

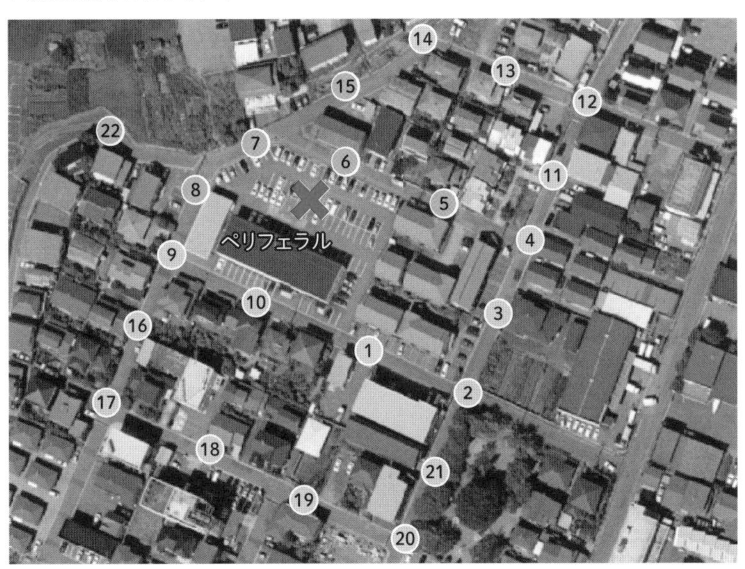

国土交通省　国土地理院、地理院地図（電子国土Web）を加工して作成

通信が確認できた6か所はいずれも定点から直線の見通しが確保できていた場所でした。定点との間に建物などの障害物が遮ってしまう残りの16か所では通信成功率0%という結果に終わりました。

●通信できなかったポイント例

参考までに、通信できなかったポイントは以下のようなシチュエーションでした。

▶通信できなかったポイント

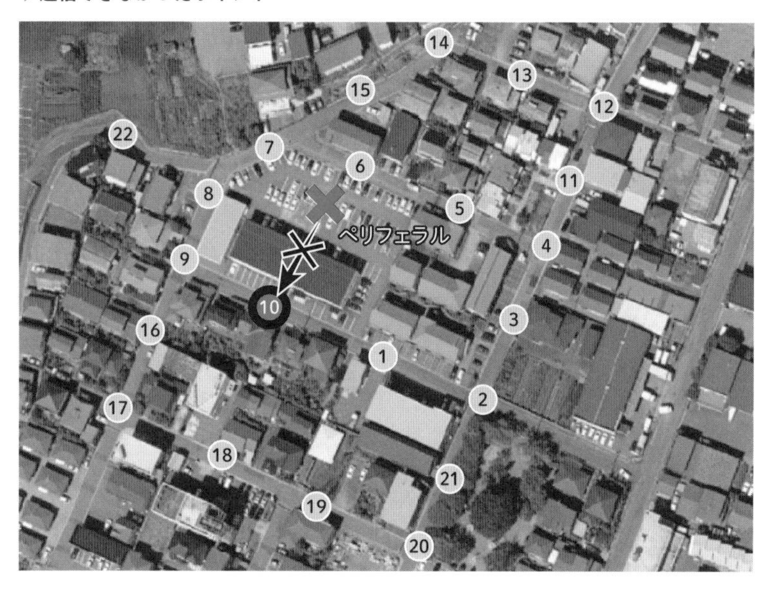

国土交通省　国土地理院、地理院地図（電子国土Web）を加工して作成

定点から建物を隔てた真裏に位置するポイント10では通信が確認できませんでした。建物に電波を遮られてしまうと直線距離42mでも通信できないことがわかります。

▶ポイント5は通信可、ポイント4だと通信不可

国土交通省　国土地理院、地理院地図（電子国土Web）を加工して作成

　ギリギリ見通しが確保できていたポイント5では通信できましたが、そこからさらに離れたポイント4では通信が確認できませんでした。直線距離80mのポイント4は直線の見通しさえ確保できていれば十分通信圏内であるため、通信できなくなったのは80mという距離ではなく、定点との見通しが確保できなくなったことが原因と考えられます。

▶ポイント15は通信可、ポイント14だと通信不可

国土交通省　国土地理院、地理院地図（電子国土Web）を加工して作成

また同様に、通信可能だったポイント15からさらに離れたポイント14では通信が確認できませんでした。こちらも定点との見通しが確保できなくなったことが原因と考えられます。

まとめ

- 見通しが確保できたポイント（5、6、7、8、15、22）では通信が確認できたが、見通しが確保できないポイントではまったく通信を確認できなかった
- LE Coded PHYの性能として、ビルや建物の裏側にも電波が回折して届くことを期待したが、見通しが確保できないポイントとは通信することができなかった
- 他のシチュエーションにおいても、障害物がある条件下ではLE Coded PHYを用いても安定した通信が望めない可能性がある

Case④ 屋内での通信

屋内でも計測を行いました。屋内は屋外同様にBLEモジュールの利用が想定される環境の1つです。壁を隔てた部屋と部屋の間では通信ができるのか、異なる階の間ではどうか、その他さまざまな障害物が想定される屋内環境における通信への影響を確認しました。

計測場所

オフィス2階の端に定点を設定。同じ2階フロアー内に3か所、1つ階段を降りた1階フロアーに3か所の観測点を設定し、定点間との通信可否を確認しました。

▶実験の様子（Case ④屋内での通信）

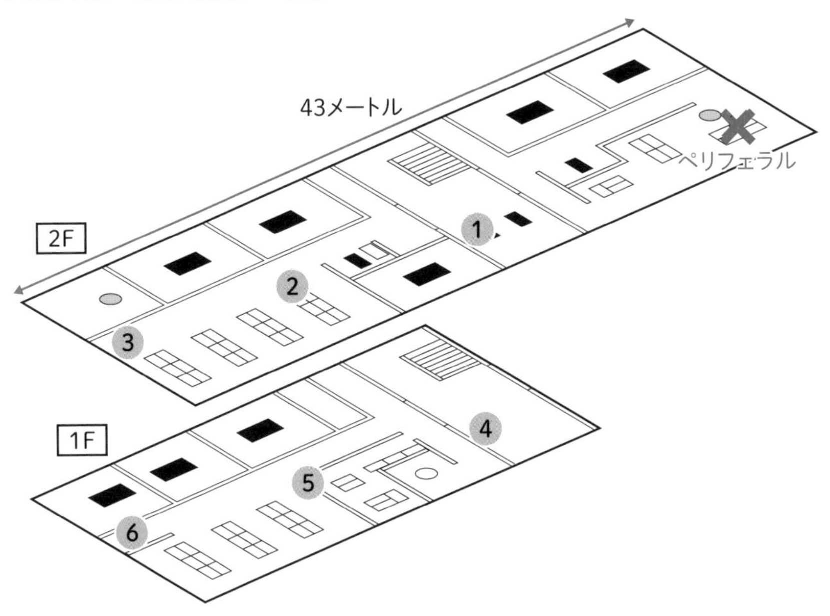

計測結果

観測ポイント（直線距離、階数）	Write Command（kbps）	Notification（kbps）
【参考】定点から1m地点	39.5	39.5
①（13m、2階）	27.4	25
②（25m、2階）	9.4	6
③（38m、2階）	3.4	3.5
④（15m、1階）	6.9	2.8
⑤（26m、1階）	–	–
⑥（40m、1階）	–	–

同一階のポイント①②③においては定点との通信が確認できました。ポイント③は壁を2枚隔てた場所でしたが、それでも安定した通信が確認できました。ただし、距離が離れるほどスループットは低下しました。

異なる階の間（1階と2階）ではスループットが激減する結果が得られました。ポイント④では通信確認こそできたものの、直線距離がほぼ変わらないポイント①と比較すると、スループットへの影響は顕著でした。これは壁よりも床や天井の方が遮蔽物としての影響が大きく、電波を通しにくいためと推測します。

定点とは異なる階で、かつ、壁を隔てたポイント⑤と⑥では接続自体ができず、測定を行うことができませんでした。

≫ Case⑤ 高層ビルの高層階と地上間での通信（地上18階高さ72m）

最後に、高さ方向（垂直方向）に距離を延ばしたときの影響を確認するため、高層ビルの高層階（地上18階、高さ約72m）と地上との間で通信評価を行いました。

計測場所

地上側（A点とする）はできるだけビルの真下に設定し、高層階側（Y点とする）

は窓にLINBLE-Z2（BLEモジュール）を貼り付けた状態で計測を行いました。

▶実験の様子（Case ⑤高層ビルの高層階と地上間での通信）

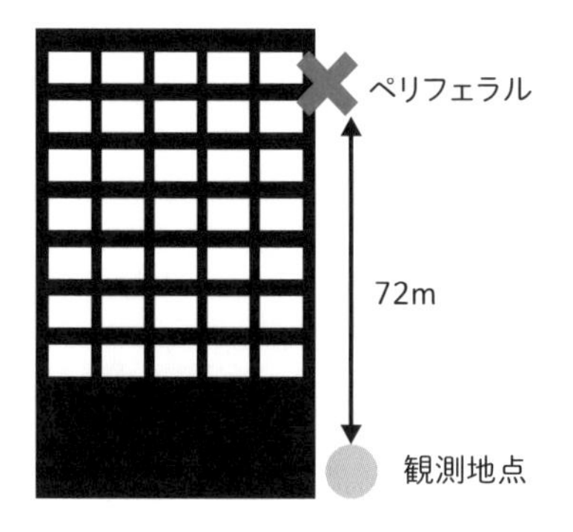

計測結果

　高層階Y点と地上A点との間で通信を確認することができました。通信距離は高層階の高さ約72mであり、通信成功率は100%でした。なお、高層階側Y点のLINBLE-Z2を窓から室内側に1m、2mと遠ざけていくにつれ通信成功率が低下し、窓から3m離れた地点でまったく通信ができなくなりました（注：各モジュールのセントラル/ペリフェラルの役割を入れ替えると通信成功率が若干変わりました）。このことから、LE Coded PHYの電波も直進性が強く、回折現象はあまり期待できないことがわかります（Case③の結果を裏付ける結果となりました）。

　ちなみに、同様の評価を1M PHY、2M PHYでも行ったところ、どちらも通信確認はできませんでした。このことから、回折はあまり期待できないとしても、やはりLE Coded PHYのほうが長距離通信に適していることがわかります。

追加計測

　次に、高層階側Y点のLINBLE-Z2は窓際に固定したまま、地上側A点を動かし、「ビルの真下から少し離れた場所」でも通信できるか確認してみました。

▶追加実験（ビルの真下から離れた場所でも通信できるか確認）

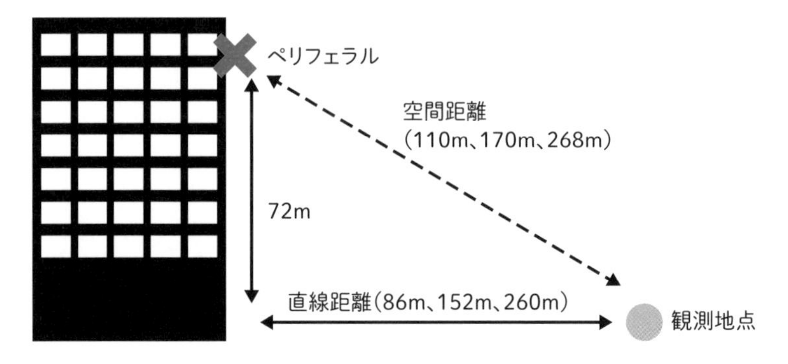

結果、ビルの真下A点から直線距離86m離れたA1点（空間距離110m）では成功率100％、直線距離152m離れたA2点（空間距離170m）でも60％の成功率が確認できました。直線距離260m離れたA3点（空間距離268m）では通信を確認できませんでした。

地点 （ビルの真下からの直線距離、高層階との空間距離）	通信成功率
A1（86m、110m）	100%
A2（152m、170m）	60%
A3（260m、268m）	0%

まとめ

- 地上18階の窓際にLINBLE-Z2を設置したY点とほぼビルの真下となる地上A点との間（直線距離でおよそ72m）で通信を確認することができた（成功率100％）
- ただし、Y点の位置を窓際から1m離すと成功率が若干低下し、3m離すとまったく通信できなくなった。LE Coded PHYにおいても電波の回折はあまり期待できず、直進性が高いことがわかる
- Y点は窓際に固定したまま、A点を平面方向に移動させると、ビルから86m離れたA1点（空間距離110m）では成功率100％、152m離れたA2点（空間距

離170m）でも60％の成功率が確認できた

通信距離性能まとめ

- 電波出力値が同じ場合、通信距離は2M PHY < 1M PHY < LE Coded PHYの順に長くなる
- PHYが同じ場合、電波出力値が大きいほど通信距離が長くなる
- 見通しが確保できている場合でも、電波の反射物の有無や周辺環境によって通信距離が変わることがある
- デバイス間の直線距離の長短にかかわらず、ビルや建物、室内の壁などがあると電波が遮られ、通信が安定しないことがある
- LE Coded PHYを用いても電波の直進性は高く、障害物を回り込むような回折効果はあまり期待できない（LE Coded PHYでもBluetoothの直進性が変わるわけではない）

以上のまとめから、LE Coded PHYはBluetooth Classic Class1モジュールより通信距離性能が飛躍的に向上しているものの、あらゆる環境で長距離通信が期待できるわけではありません。

同じような環境に思えても、ちょっとした環境の違いが通信距離に影響を及ぼす可能性があります。よって無線デバイス開発においては、実際にデバイスが利用されるシチュエーションを想定し、できる限りそのシチュエーションに近い環境下で通信評価を行うことが重要です。

5-2　通信速度の実測結果

通信速度の評価方法

通信速度の求め方は、以下を実施してスループットの実効値（bps）を算出しました。

- 約60秒間データ送信を行う
- 送信データサイズをデータ送信時間で割る（※データ送信時間はプロトコルアナライザでデータ送信の開始・終了のタイムスタンプから算出）
- 3回測定し、平均を算出する

評価パラメータ

評価パラメータは以下の通り共通としました（評価ごとのPHYを除く）。

- UART baudrate：1,000,000bps
- Connection Interval（min、max）：初期値（20ms、40ms）
- Tx Power：初期値（LINBLE-Z2 / +8dBm、LINBLE-Z1 / +4dBm）

評価手順

以下の手順で実施しました。

1. Central、Peripheral両デバイスを1メートル離して設置する
2. Central、Peripheral両デバイスをターミナルソフト（Tera Term）で制御する
3. ローカルエコーOFFの状態でCentral、Peripheralから約60秒間データ送信を行う
4. プロトコルアナライザでデータ送信の開始・終了のタイムスタンプを取得する

5. タイムスタンプ差分、および送信データサイズからスループットの実効値を算出する
6. 上り（Notification）、下り（Write Command）ともに各3回測定して平均を算出する

▶通信速度の実測

》評価結果

LINBLE-Z2のLE Coded PHY、1M PHY、2M PHYのそれぞれでスループットを計測したところ、下記のような結果となりました（LINBLE-Z2間の通信距離は1メートル）。

▶ LINBLE-Z2の各PHYにおけるスループット（平均値）

PHY	Write Command（kbps）	Notification（kbps）
1M PHY	126.6	135.8
2M PHY	497	498.2
LE Coded PHY	39.5	39.5

LE Coded PHYのスループットはおよそ40kbps程度となりました。BLE通信の基本となる1M PHYの計測結果が約130kbpsであることから、LE Coded PHYは通信速度が遅くなることがわかります。高速モードである2M PHYのスループットは約500kbpsでした。よってLE Coded PHY ＜ 1M PHY ＜ 2M PHYの順にスループットが速くなる結果となりました。

スループットと通信距離の関係

次に、通信距離を延ばした時のスループットへの影響を確認しました。50メートル、100メートルと距離を延ばしていくにつれ、スループットが低下していることがわかります。

▶各PHYにおけるスループットと通信距離の関係性（LINBLE-Z2）

通信距離（m）	スループット（kbps、Write Command）		
	1M PHY	2M PHY	LE Coded PHY
50	141.2	680.9	35.7
100	27.7	—	30.5
150	69.5	—	9.8
200	42	—	0.5
250	—	—	4.2
300	—	—	—

LE Coded PHYは通信距離の延長にともないスループットが低下するものの、250メートル地点まで通信を確認することができました。一方、2M PHYは近距離でのスループットが一番速いものの、100メートルを超えると通信自体ができなくなってしまいました。以上2つの評価結果から、

- 1M PHYを基準にすると、LE Coded PHYはより通信距離が延びる一方、通信距離にかかわらず1M PHYより通信速度は遅くなる
- 1M PHYを基準にすると、2M PHYは通信速度が速くなる一方、通信可能な距離は短くなる

ということがわかりました。

5-3　消費電流の実測結果

消費電流の評価方法

評価パラメータ

評価対象、対向デバイスともに以下の設定値における消費電流を測定しました。

- Voltage：3.45V
- Tx Power：初期値（+8dBm）
- Advertise Interval：初期値（100ms）
- Connection Interval（min、max）：初期値（20ms、40ms）
- UART baudrate：初期値（9,600bps）

評価手順

- 卓上にて評価対象と対向機を30cm離した状態で測定を実施する
- 測定時間は各測定パターンにつき1分間とする（例外的に30秒間の測定パターンあり）
- 通信中における消費電流測定は以下の2種類のデータ送信方法を用いて測定する
  - 間欠データ：ターミナルソフト（Tera Term）マクロを使用してデータ送信した状態（スループット約4kbps）で測定したことを表す
  - 連続データ：ターミナルソフト（Tera Term）のファイル送信機能を使用してデータ送信した状態で測定したことを表す

評価結果

LINBLE-Z2（+8dBm）のLE Coded PHY、1M PHY、2M PHYのそれぞれで

消費電流を計測したところ、下記のような結果となりました。

▶**消費電流の比較（P：ペリフェラル、C：セントラル、単位：μA、DSI：Low）**

<table>
<tr><th colspan="3" rowspan="2">動作状態</th><th colspan="3">LINBLE-Z2</th></tr>
<tr><th>1M</th><th>2M</th><th>LE Coded</th></tr>
<tr><td colspan="3">コマンド状態</td><td>857</td><td>1,260</td><td>859</td></tr>
<tr><td colspan="3">アドバタイズ状態</td><td>1,290</td><td>1,670</td><td>2,933</td></tr>
<tr><td colspan="3">スキャン状態</td><td>6,030</td><td>6,260</td><td>5,563</td></tr>
<tr><td rowspan="6">オンライン状態</td><td rowspan="3">P</td><td>データ転送無し</td><td>1,047</td><td>1,407</td><td>1,750</td></tr>
<tr><td>連続データ送信</td><td>2,193</td><td>1,590</td><td>6,090</td></tr>
<tr><td>連続データ受信</td><td>8,277</td><td>8,047</td><td>10,993</td></tr>
<tr><td rowspan="3">C</td><td>データ転送無し</td><td>1,033</td><td>1,393</td><td>1,743</td></tr>
<tr><td>連続データ送信</td><td>2,167</td><td>1,563</td><td>6,070</td></tr>
<tr><td>連続データ受信</td><td>8,103</td><td>7,873</td><td>10,873</td></tr>
</table>

- 1M PHY、2M PHYの値と比べると、LE Coded PHYはオンライン状態（接続中）で、かつ、データ送受信時の消費電流が大きいことがわかります。とくに連続データ送信時の消費電流の増加が顕著です
- LE Coded PHYではアドバタイズ状態中の消費電流も増加していることがわかります
- 本評価はすべて同じ通信距離（30cm）で実施しているため、通信距離が同じであれば、PHYによって消費電流が変わることがわかりました

5-4 AndroidのBluetooth機能対応状況調査

なぜAndroidのBluetooth機能対応を調べるのか？

第3章でお伝えしたように、Bluetoothの標準機能はすべてのBluetooth機器に搭載されているわけではなく、搭載有無は製品によって異なります。こう聞くと「機能が搭載されているかどうかはどうやったらわかるのか？」と疑問に思うエンジニアは多いでしょうし、そのように相談を受けることもありますが、そのときは「1製品1製品、コツコツ調べるしかありません」とお答えしています。これは長年この業界に携わってきて出した結論です。残念ながら楽に調べられる都合の良い方法はないのです。

よってムセンコネクトでも必要に応じて地道に調べることがあります。その一例として「Androidスマートフォンにおける Bluetooth機能の対応状況調査結果」をご紹介します。こちらをご覧いただければ、機種によって機能搭載有無が違うことも、コツコツ調べなければわからない理由も納得していただけると思います。

Androidスマートフォンの Bluetooth機能は カタログスペック通りに動作するとは限らない

Bluetoothモジュールとスマートフォンを Bluetooth通信させるときに、ちょっと頭を悩ませるのがAndroidスマートフォンとの対応です。iPhone/iOSとは異なり、Androidスマートフォンは各メーカーがOSを独自にカスタマイズしており、加えてハードウェアの仕様やスペックも多種多様です。よって「Bluetooth通信」の動作ひとつとっても各機種ごとに挙動は異なり、スペック上は対応しているはずなのに実際に動かしてみたら「通信できない」といったケースも少なくありません。著者は開発者として、日本にAndroidスマートフォンが登場した頃からBluetooth通信にトライしています。その経験から言うと、「実際に動作確認してみなければ、その機能に対応しているとは言い切れない」のがAndroidスマートフォンなのです。

AndroidスマートフォンのLE Coded PHY・ペアリングの対応状況を調べてみました

以前、あるお客さまからAndroidアプリ開発のご相談をいただき、その中で「LE Coded PHY」と「ペアリング機能」を使いたいという要望がありました。前述のように、対Androidの場合は実際に試してみるまで「対応できます」と言い切れないため、まずは数種類のAndroidスマートフォンを入手して実際に動作確認をしてみることにしました。ここではそのときの調査結果をご紹介します。なお、これからお伝えする内容は2022年2月時点での調査結果であり、今後OSのバージョンアップや各端末のファームウェアアップデートによって挙動が変わる可能性もあります。

調査環境

今回調査の対象として用いたAndroidスマートフォンは下記の6機種です。

- Google Pixel 5
- SAMSUNG Galaxy S10
- OPPO Reno5 A
- Xiaomi 11T
- SONY Xperia Ace Ⅱ
- SHARP AQUOS sense6

また、LE Coded PHYについてはさらに下記11機種も調査しています。

- SAMSUNG Galaxy Fold
- SAMSUNG Galaxy S21
- SAMSUNG Galaxy S21+
- OPPO A54 5G
- OPPO Reno 7A
- OPPO Find X2 Pro
- OPPO Find X3 Pro
- Xiaomi Mi 10 Lite 5G
- Xiaomi Redmi Note 10 JE
- Google Pixel 6 Pro
- SHARP AQUOS R5G

調査に使用したAndroidアプリは「nRF Connect for Mobile」、調査に使用したペリフェラルデバイスは「LINBLE-Z2（LE Coded PHYモード）」です。

LE Coded PHY

Bluetooth 5.0から採用された長距離通信機能（LE Coded PHY）は、ソフトウェアとハードウェアの両方がLE Coded PHYに対応している必要があります。つまり、Bluetooth 5.xだからといって必ずLE Coded PHYが利用できるわけではありません。当然、Androidスマートフォンの場合もBluetoothバージョンだけではなく、スマートフォン本体（ハードウェア）が対応していなくてはなりません。ただ、それをカタログスペックやマニュアルから判断するのは難しいケースがほとんどです。まさにLE Coded PHYは「実際に動作確認してみないと対応しているかわからない機能」の1つと言えます。

検証結果

実際の検証結果は下記表の通りです。

▶ Androidスマートフォンと LINBLE-Z2（LE Coded PHY モード）との通信確認結果

スマートフォン	結果
Google Pixel 5	×
Google Pixel 6 Pro	×
SAMSUNG Galaxy S10	○
SAMSUNG Galaxy Fold	○
SAMSUNG Galaxy S21	○
SAMSUNG Galaxy S21+	○
OPPO A54 5G	○
OPPO Reno 7A	○
OPPO Reno5 A	○

スマートフォン	結果
OPPO Find X2 Pro	○
OPPO Find X3 Pro	○
SONY Xperia Ace II	×
SHARP AQUOS R5G	×
SHARP AQUOS sense6	×
Xiaomi 11T	×
Xiaomi Mi 10 Lite 5G	○
Xiaomi Redmi Note 10 JE	○

- SAMSUNG Galaxy S10、SAMSUNG Galaxy Fold、SAMSUNG Galaxy S21、SAMSUNG Galaxy S21+、OPPO Reno5 A、OPPO A54 5G、OPPO Reno

7A、OPPO Find X2 Pro、OPPO Find X3 Pro、Xiaomi Mi 10 Lite 5G、Xiaomi Redmi Note 10 JEの11機種はLE Coded PHYでの正常動作が確認できました（検証方法：LE Coded PHYで接続後、Notification送信まで成功）

- 残りの6機種はLE Coded PHYのアドバタイズを受信できず、BLE接続ができませんでした
  - この内、Google Pixel 5、Google Pixel 6 Pro、Xiaomi 11T、SONY Xperia ACE IIはnRF Connectで「LE Coded PHY対応」と表示されたにもかかわらず、実際の動作は確認できませんでした（SHARP AQUOS sense6、SHARP AQUOS R5GはnRF Conncectでも非対応表示）
  - このようにAndroidでは「一見、対応しているように見えるが、実際に動かしてみるとダメ」というパターンがあることがわかります
  - LE Coded PHYへの対応は、メーカーによってスタンスが異なる傾向があることがわかりました

≫ ペアリング（LESC-Passkey）

次に、ペアリング動作（LESC-Passkey）の検証結果です。

検証結果

実際の検証結果は下記表の通りです。

▶ Android スマートフォンと LINBLE-Z2（1M PHY モード）とのペアリング動作確認結果

スマートフォン	結果
Google Pixel 5	○
SAMSUNG Galaxy S10	○
OPPO Reno5 A	○

スマートフォン	結果
Xiaomi 11T	○
SONY Xperia Ace II	○
SHARP AQUOS sense6	○

調査した6機種すべてでペアリングの正常動作が確認できました（検証方法：1M PHYで接続後、LESC-Passkeyによるペアリングに成功。さらに、LINBLEからスマホへのNotification送信が成功）。ペアリングに関してはLE Coded PHY

とは異なりハードウェアの制約がないため、ある程度カタログスペックで対応可否を判断することができます。しかしながら、「ペアリング機能」はいわゆる「Bluetoothの相性問題」が起きやすい部分であり、実際に接続させてみたらうまくつながらなかったというケースもあります。過去にお客さまが遭遇したトラブルとして、製品リリース後に「動作未確認だった複数機種」との接続不良が続出してしまった事例がありました。お客さまでは不具合の原因がわからず、調査依頼を受けたわたしたちが解析してみた結果、ペアリングの処理で動作不良が起きていました。その実例から学んだことは、「カタログスペックだけの判断でAndroidの対応機種を決めてはいけない」ということです。

先の実例では製品レビューが荒れるなどの大トラブルに発展してしまいました。今回の検証ではすべての機種で正常動作が確認できましたが、必ずしもそうなるとは限りませんので、該当端末での事前調査は必ず行うようにしましょう。

索引

J

L

M

N

O

P

Q

R

S

U

V

W

あ行

おわりに

『Bluetooth無線化講座』を手に取ってくださり、誠にありがとうございます。

現代社会において情報収集や学び方は多様化しています。インターネット上のブログやウェブサイトは必要な情報に迅速にアクセスできる利便性がありますが、その一方で体系的に学んだり情報を整理するには不便なことがあります。

「書籍のように体系立って解説されたものがあれば、よりわかりやすく、もっとメーカーエンジニアのお役に立てるのではないか？」

ちょうどそのように感じていた頃、偶然技術評論社様から書籍化の打診をいただきました。

「これは考えていたことを実現するチャンスかもしれない！」

お話をいただいてから二つ返事で受けることに決めました。

本書はブログやウェブサイトではなかなか表現しきれない、体系立った解説と実践的なアドバイスを提供しています。読者の方々がより効果的にBluetooth無線技術を理解し、実践できるように努めました。今後も弊社ウェブサイト内の『無線化講座®』ではブログ制作活動を継続して行ってまいります。この書籍はこれまでの活動の集大成であり、新たなスタートと捉えています。

わたしたちのオウンドメディアである『無線化講座』はムセンコネクトのミッションである『つなぐ、ひろげる、こえていく。』を体現する企画です。この企画を通してわたしたちは「モノ、ヒト、サービス」を無線通信でつなぎ、『ワクワクする未来』の実現を目指しています。現在では他社さまとのコラボレーション動画が実現したり、メーカーエンジニアの方から記事を寄稿していただいたりなど、徐々につながりの輪が広がりつつあります。このような取り組みが今回の書籍化にもつながったのだと思います。今後もムセンコネクトでは『ワクワクする未来』をみなさんと一緒に作りたいと考えています。

最後に、この書籍を実現する機会を与えてくださった株式会社技術評論社の小吹 陸郎様、傳 智之様に深く感謝申し上げます。また、レビューアーとして貢献していただいたムセンコネクトの蟹沢 亨さん、松尾 秀治さんにも心から感謝いたします。この書籍が読者のみなさまにとって少しでも有益であり、Bluetooth無線技術の理解と実践に役立つことを願っています。今後もムセンコネクトはBluetoothおよび無線技術の発展に貢献し、みなさまのお役に立てる情報を提供してまいります。

心より、ありがとうございました。

株式会社ムセンコネクト
代表取締役　水野 剛

プロフィール

水野 剛（みずの　ごう）【ムセンコネクト　代表取締役 CEO】

AGC、ユニクロ、freeeを経てデバイスと無線通信をひとつにするつなぎ役として、どんなメーカーでも無線化を実現できる世界をつくりたいという想いで株式会社ムセンコネクトを創業。筑波大学大学院修了、Bluetooth SIG公認 Bluetooth®認証コンサルタント。

清水 芳貴（しみず　よしき）【ムセンコネクト　取締役 CMO】

エイディシーテクノロジー株式会社 常務取締役としてBluetoothモジュールZEALシリーズの企画、販売、サポートに従事。また、自身が「無線初心者」としてイチから学んだ知識やノウハウをメーカーエンジニアに活用してもらうため、Bluetooth導入サポートサイト「無線化.com」を運営。ZEALシリーズの販売終了に伴い、ムセンコネクトにBluetoothモジュール事業を移管するため設立メンバーとして参画。

三浦 淳（みうら　あつし）【ムセンコネクト　取締役 CTO】

岩手県出身。電信機器、車載機器、健康機器、無線通信機器など、幅広い組み込み機器開発を経験。2012年に世の中に先駆けてスマートフォン向けBLEビーコンを製品化。これまで技術責任者として300件以上のBluetooth関連プロジェクトに携わり、産業機器メーカーのデバイス開発や無線化を支援。

株式会社ムセンコネクト（かぶしきがいしゃむせんこねくと）

Bluetoothのプロ集団。無線化をトータルサポート。Bluetooth特化型の製品・サービスでメーカーエンジニアの無線化を支援。

https://www.musen-connect.co.jp/

ムセンコネクトのブログ『無線化講座』

https://www.musen-connect.co.jp/category/blog/course/

■お問い合わせについて

本書に関するご質問は、記載内容についてのみとさせていただきます。本書の内容以外のご質問には、一切応じられませんので、あらかじめご了承ください。なお、電話でのご質問は受け付けておりません。書面またはFAX、弊社Webサイトのお問い合わせフォームをご利用ください。

ご質問の際には以下を明記してください。

- 書籍名
- 該当ページ
- 返信先(メールアドレス)

ご質問の際に記載いただいた個人情報は質問の返答以外の目的には使用いたしません。

お送りいただいたご質問には、できる限り迅速にお答えするよう努力しておりますが、お時間をいただくこともございます。

■問い合わせ先

〒162-0846
東京都新宿区市谷左内町21-13
株式会社技術評論社　書籍編集部
「Bluetooth無線化講座」係

FAX:03-3513-6183
Web:https://gihyo.jp/book/2024/978-4-297-14037-3

【装丁】
krran

【本文デザイン・DTP】
SeaGrape

【編集】
小吹陸郎

Bluetooth無線化講座
―プロが教える基礎・開発ノウハウ・よくあるトラブルと対策―

2024年 5月 7日　初版　第1刷発行

著　者　水野剛、清水芳貴、三浦淳
発行者　片岡巌
発行所　株式会社技術評論社
東京都新宿区市谷左内町21-13
電話　03-3513-6150　販売促進部
　　　03-3513-6166　書籍編集部

印刷・製本　日経印刷株式会社

ISBN978-4-297-14037-3　C3055

Printed in Japan